A PESQUISA EM EDUCAÇÃO MATEMÁTICA: REPERCUSSÕES NA SALA DE AULA

EDITORA AFILIADA

Dados Internacionais de Catalogação na Publicação (CIP)
(Câmara Brasileira do Livro, SP, Brasil)

A Pesquisa em educação matemática : repercussões na sala de aula / Rute Borba e Gilda Guimarães (orgs.) . -- São Paulo : Cortez, 2009.

Vários autores.
ISBN 978-85-249-1527-7

1. Matemática - Pesquisa 2. Pesquisa educacional - Metodologia 3. Professores - Formação profissional 4. Sala de aula - Direção I. Borba, Rute. II. Guimarães, Gilda.

09-10066 CDD-510.72

Índices para catálogo sistemático:

1. Matemática : Pesquisa na sala de aula 510.72
2. Pesquisa em matemática na sala de aula 510.72

Rute Borba e Gilda Guimarães (Orgs.)

A PESQUISA EM EDUCAÇÃO MATEMÁTICA: REPERCUSSÕES NA SALA DE AULA

A PESQUISA EM EDUCAÇÃO MATEMÁTICA: REPERCUSSÕES NA SALA DE AULA
Rute Borba e Gilda Guimarães (Orgs.)

Capa: aeroestúdio
Preparação de originais: Elisabeth Matar
Revisão: Maria de Lourdes de Almeida
Composição: Linea Editora Ltda.
Coordenação editorial: Danilo A. Q. Morales

Direitos para esta edição
CORTEZ EDITORA
R. Monte Alegre, 1074 — Perdizes
05014-001 — São Paulo - SP
Tel. (11) 3864 0111 Fax: (11) 3864 4290
e-mail: cortez@cortezeditora.com.br
www.cortezeditora.com.br

Impresso no Brasil — outubro de 2009

Sumário

Apresentação

Nas últimas décadas tem se observado um grande crescimento na produção de pesquisas científicas na área de Educação Matemática, tais como monografias, dissertações e teses. Esses trabalhos vêm sendo apresentados em vários encontros nacionais e internacionais e publicados, principalmente, em periódicos científicos.

Apesar dessa ampliação na produção e publicação de trabalhos, os professores da Educação Infantil, Ensino Fundamental e Médio nem sempre têm tido acesso a eles durante suas formações iniciais ou enquanto profissionais. Considerando que essas pesquisas são produzidas com o objetivo de promover melhoria na qualidade do trabalho que é realizado na sala de aula, não se pode admitir essa distância entre produção científica e apropriação deste saber por parte dos professores.

Este livro foi proposto com o intuito de contribuir para a superação dessa lacuna entre pesquisa acadêmica e sua aplicação em sala de aula. Assim, são discutidos, ao longo dele, vários estudos na área de Educação Matemática — com suas metodologias e tópicos variados — e suas implicações para diferentes níveis de escolaridade.

Os autores do livro são professores vinculados ao grupo de Educação Matemática da Pós-Graduação do Centro de Educação da Universidade Federal de Pernambuco e têm se envolvido em atividades relacionadas à pesquisa científica e à formação inicial e continuada de professores. A diversidade de formação dos autores — Pedagogia, Psicologia e Licenciatura em Matemática — tem possibilitado um olhar amplo sobre as questões relativas à Educação Matemática.

O livro é constituído de seis capítulos que abordam questões de grande interesse para profissionais da Educação, buscando estabelecer conexões entre as metodologias adotadas e os resultados obtidos em pesquisas e as práticas de sala de aula. Diferentes metodologias foram utilizadas nas pesquisas relatadas, evidenciando diversificadas possibilidades de abordagens de investigação dos conteúdos matemáticos.

No Capítulo 1, Lícia Maia, a partir de questionários, entrevistas e observações envolvendo professores em formação e atuantes em sala de aula, apresenta resultados muito interessantes sobre o ensino da Matemática e como a Geometria vem sendo trabalhada na escola. A autora observa que, apesar de uma tendência geral de contextualização do ensino da Matemática, a aula de Geometria ainda é pautada em definições de conceitos matemáticos abstratos. Entretanto, um aspecto positivo identificado foi a utilização de diversas formas de representação simbólica como instrumentos de mediação, aspecto fundamental para o ensino da Geometria. As reflexões sugeridas neste capítulo em muito podem contribuir para que professores avaliem suas posturas e atitudes em relação ao ensino de Matemática, de modo geral, e, em particular, ao ensino de Geometria.

O Capítulo 2 consiste de uma análise cuidadosa, realizada por Rute Borba, sobre o efeito de significados, invariantes e representações na compreensão do número inteiro relativo. A autora mostra que, antes do ensino formal, os alunos já possuem algumas compreensões de número relativo, sendo a maior dificuldade de natureza representacional. A partir de intervenções, utilizando jogos, tais dificuldades foram superadas, possibilitando a compreensão dos alunos sobre problemas aditivos com números relativos. A proposta de avaliação sugerida neste capítulo — considerando como significados, propriedades e representações simbólicas influenciam a compreensão dos alunos — pode orientar o professor sobre como avaliar o conhecimento de seus alunos quanto a variados conceitos matemáticos e como propor intervenções em sala de aula para superação de dificuldades específicas.

No Capítulo 3, Ana Selva apresenta uma intervenção inovadora que compara duas metodologias para auxiliar os alunos na resolução de problemas de estrutura aditiva, utilizando materiais manipulativos e gráficos de barra. Os resultados mostram a importância de combinar o trabalho com gráficos a outras formas de representação, favorecendo tanto o desempenho em resolver problemas, como a compreensão de gráficos de barras. Neste capítulo evidencia-se como gráficos podem ser abordados desde a Educação Infantil e como a resolução de diferentes tipos de problemas aditivos pode ser facilitada pelo uso deste recurso em sala de aula, associado a outras formas de representação mais familiares às crianças, tais como proposições verbais, blocos e outros materiais manipulativos.

Gilda Guimarães, no Capítulo 4, investiga a classificação e representação de dados em tabelas, bem como a compreensão de gráficos de barra. Os resultados mostram que os alunos apresentam variadas compreensões do que significa classificar, sendo capazes de estabelecer diferentes critérios de categorização e utilizá-los quando constroem tabelas. Quanto aos gráficos de barra, a autora discute as facilidades e dificuldades na interpretação e construção dos mesmos, dando uma valiosa contribuição na análise da relação entre estes dois processos. As atividades discutidas neste capítulo podem ser utilizadas por professores em suas salas de aula para levarem os alunos a classificarem dados e representá-los em tabelas e gráficos, atentando para a necessidade de estimular não só interpretações pontuais, mas também variacionais e a de interpretar e escolher escalas adequadas em gráficos.

No Capítulo 5, Marcelo Câmara apresenta uma proposta de trabalho em sala de aula que favoreceu o avanço de alunos em seus níveis de pensamento geométrico. O autor organizou uma engenharia didática, por meio do uso do *software* Cabri-Géomètre, com atividades relativas à aprendizagem de elementos geométricos e resolução de situações-problemas envolvendo a construção de quadriláteros. Esta criteriosa combinação entre o ambiente dinâmico proporcionado pelo Cabri e as atividades propostas, mostrou-se fundamental para o desenvolvimento do pensamento dos alunos. A sequência de atividades propostas pode ser utilizada por professores desejosos de ampliar a compreensão de quadriláteros de seus alunos, a partir do uso de recurso tecnológico, que pode ser uma forma estimulante de se trabalhar a Geometria em sala de aula.

No Capítulo 6, Verônica Gitirana contribui de forma relevante na análise sobre o uso de *softwares* educacionais em sala de aula, focando elementos que potencialmente podem provocar um diferencial para a prática pedagógica. A autora compara a forma que estudantes exploram três micromundos, em torno do conceito de função real de variável real. Os resultados mostram que os *softwares* educacionais analisados têm revelado potenciais que proveem alunos e professores com objetos virtuais manipuláveis, possibilitando aos alunos pensarem sobre elementos da Matemática.

Esperamos que o conjunto de pesquisas apresentadas e discutidas — com suas diferentes abordagens teóricas e metodológicas e enfocando uma variedade de conceitos matemáticos — possam servir de reflexão para outras pesquisas em Educação Matemática e, primordialmente, que sirva para que professores que ensinam Matemática possam refletir sobre suas práticas em sala de aula, investiguem o conhecimento de seus alunos e formas de intervenção e, assim, realizem mudanças que repercutam em amplo desenvolvimento matemático de seus alunos.

As organizadoras

Autores

Ana Coêlho Vieira Selva — Graduada em Psicologia e doutora em Psicologia Cognitiva na UFPE. É professora do Departamento de Psicologia e Orientação Educacionais do Centro de Educação da UFPE desde 1994. Tem desenvolvido pesquisas na área de Educação Matemática para Educação Infantil e séries iniciais do Ensino Fundamental, com publicações nacionais e internacionais.

Gilda Lisbôa Guimarães (org.) — Graduou-se em Pedagogia pela PUC/SP e fez doutorado em Psicologia Cognitiva na UFPE. Desde 1995 é professora do Departamento de Métodos e Técnicas do Centro de Educação da UFPE. Desenvolve pesquisas na área de formação de professor da Educação Infantil e séries iniciais, em Educação Matemática, que têm sido apresentadas e publicadas em âmbito nacional e internacional.

Lícia de Souza Leão Maia — Graduada em Matemática e Psicologia, doutorou-se em Ciências da Educação, na França. É professora do Departamento de Psicologia e Orientação Educacionais do Centro de Educação da UFPE desde 1989. Vem pesquisando as representações sociais na Educação Matemática de professores e alunos a partir da 5ª série do Ensino Fundamental, apresentando publicações nacionais e internacionais.

Marcelo Câmara dos Santos — Graduado em Matemática, doutor em Ciências da Educação pela Université Paris X, leciona no Colégio de

Aplicação e na Pós-Graduação em Educação da UFPE desde 1985. Desenvolve pesquisas na área de Educação Matemática abrangendo diferentes níveis de ensino, que vêm sendo publicadas em âmbito nacional e internacional.

Rute Elizabete de Souza Rosa Borba (org.) — Graduou-se em Matemática e Engenharia Civil pela UFPE e realizou seu doutoramento em Psicologia na Oxford Brookes University. Atua como professora do Departamento de Métodos e Técnicas de Ensino do Centro de Educação da UFPE desde 1995. Desenvolve pesquisas na área de Educação Matemática, com publicações nacionais e internacionais, sobre o conhecimento de alunos do Ensino Fundamental e na formação de professores que ensinam Matemática.

Verônica Gitirana Gomes Ferreira — Graduada em Matemática e doutora em Educação Matemática pela University of London. Professora do Departamento de Métodos e Técnicas de Ensino do Centro de Educação da UFPE desde 1998. Desenvolve pesquisas na área de Educação Matemática com alunos do Ensino Fundamental e na formação de professores. Apresenta publicações em âmbito nacional e internacional.

Capítulo 1

Vale a pena ensinar Matemática*

*Lícia de Souza Leão Maia***

Procuro me situar temporalmente em busca de meus primeiros questionamentos sobre o fazer matemática, sobre a arte de ensinar esta disciplina. Calculo, contando os anos vividos, questões formuladas — muitas ainda não respondidas — e chego a um número superior a vinte e cinco. Aluna do curso de matemática da Universidade Federal de Pernambuco, professora das quinta e sexta séries do Externato Santa Doroteia, e depois do Colégio Santa Maria, empenhava-me a ensinar álgebra a meus alunos. O que é "a", professora, perguntava aflita Roberta, aluna pequena e meiga da turma da sexta série. É qualquer coisa, pode ser um, três, nove, cento e quinze, mil, um milhão. Substituía os "as", os "bs", por números, por peixes, por pássaros e não conseguia me fazer entender. Na época, eu não conhecia as explicações piagetianas acerca do desenvolvimento in-

* Projeto desenvolvido com o apoio do CNPq. Esse trabalho contou com a colaboração de Deyse Pinheiro, Simone Batista e Érika Souto, alunas de Pedagogia da UFPE e bolsistas de iniciação científica.

** limaia@ufpe.br

fantil, sobre o longo caminho percorrido por cada um de nós para poder separar o mundo da realidade do mundo da razão. Para Roberta, o "a" era apenas a primeira letra do seu sobrenome, Albuquerque, e a última da palavra matemática. Como podia esse pequeno vocábulo adentrar no mundo dos números, transformar-se em um peixe ou em cem pássaros voando? Pensei então que a matemática não servia para nada. Concluí o bacharelado de matemática — já que estava na reta final — e abandonei minha futura carreira de pesquisadora e, junto com ela, a sala de aula, diante da tristeza que esta disciplina nada teria a oferecer a um país de tamanha desigualdade social.

Percorri mundo e certa de que a psicologia tinha mais a oferecer ao povo do que a matemática, entendi por que Roberta não compreendia os primeiros elementos da álgebra, e que meu esforço de explicação expressava meu compromisso com o ato de ensinar, entretanto, faltava-me a competência profissional para fazê-lo. No curso de Psicologia aprendi que na busca de entender como se dá o processo de desenvolvimento do conhecimento, Piaget mostra que este tem sua origem na atividade do sujeito sobre o meio e não apenas nas propriedades objetivas da realidade. Assim, a origem do conhecimento humano deve ser entendida na e pela interação entre o indivíduo e a realidade, através da atividade humana. Para Piaget, no início, a ação do sujeito sobre as pessoas e os objetos é de ordem apenas perceptivo-gestual, tal atividade evolui para operações mentais, cada vez mais complexas, que culminam com a possibilidade do indivíduo agir sobre uma situação puramente imaginária, inteiramente independente de um suporte real. No que diz respeito ao conhecimento matemático, Piaget acredita que ele não procede da abstração das propriedades do objeto, mas sim das propriedades que a ação do sujeito introduz aos mesmos (Ferreiro, 1999). Comecei a perceber o porquê da dificuldade de Roberta entender a arbitrariedade de se dizer que um "a" pode ser qualquer coisa. Para ela as coisas ainda eram simplesmente objetos tangíveis, peixes que nadam e pássaros que cantam. A matemática servia apenas para contá-los e era assim que eu buscava a essência de minha profissão: contribuir na solução de problemas que me pareciam acessíveis através de uma ação voluntária e consciente de cada ser humano. Pensava eu que, no substrato dessa postura, estava apenas a realidade perceptível. Tempo passou para que eu me perguntasse, iniciada e adepta à perspectiva piagetiana, se havia sentido em buscar uma matemática da realidade quando, na sua essência, segundo esse autor, a ciência matemática seria um construto mental, consequentemente, um dos mais ricos produtos da Ação — gestual e mental — do Homem sobre o mundo.

Um salto no tempo e busco me reconciliar com o ensino da matemática, ação de articular pesquisa e pedagogia, produção de conhecimento e ação educativa. No LEMAT (Laboratório de Ensino da Matemática da UFPE) encontro essa possibilidade, um espaço de formação com um novo olhar para o ensino.

Da sala de aula à pesquisa educacional

Findo o curso de Psicologia e tendo eu girado com o mundo, tornei-me professora universitária. Como tal, era preciso conciliar atividades de ensino, de pesquisa e extensão. Através da participação em formações continuadas para professores de matemática retomei contato com os primórdios de minha carreira profissional. Fiel às minhas preocupações de sempre, questionei-me sobre o impacto dessa ação na melhoria do nível educacional da população brasileira. Foi então que me propus um novo — ao mesmo tempo muito antigo — desafio: o de articular o ensino da matemática com a pesquisa, dentro de uma perspectiva que garantisse nosso compromisso com a elevação do nível educacional do país. Elaborei, nesse momento, meu primeiro projeto de pesquisa na área da Educação Matemática, que tinha por objetivo geral a análise das repercussões da proposta de formação continuada desenvolvida pelo LEMAT.

Nesta época, tanto no Brasil quanto no exterior, iniciava-se um novo ciclo de pesquisa sobre a formação do professor, surgindo, nesse momento, uma nova perspectiva nos estudos sobre a formação do professor (Robert & Robinet, 1989; Portugais, 1995; Pimenta, 1997). De campo de mera aplicação, a formação do professor passa a ser objeto de investigação sistemática, incorporando-se ao cenário da pesquisa básica e rompendo com as fronteiras do campo da Didática para além de uma perspectiva de ciência exclusivamente aplicada.

Levo a cabo meu primeiro projeto de pesquisa em Educação Matemática, desenvolvendo um trabalho sobre as representações sociais dos professores a respeito do ensino da matemática e analiso o ensino da percentagem como caso particular. O meu objetivo inicial de pesquisa, a lembrar, o impacto da formação continuada, era, então, analisado em termos de representações sociais.

Na atividade científica é assim que se procede: o problema, formulado em termos de objetivo geral, é inserido em um modelo explicativo formalizado, uma teoria, que transforma o problema inicial em objeto de pesquisa. Este é, então, analisado a partir de critérios e regras definidos por um rigor científico, estabelecido formalmente por uma comunidade reconhecida, nacional e internacionalmente. Se a assunção de um referencial teórico permite situar o problema segundo um modelo organizado, fundado em uma concepção de homem, de conhecimento e de sociedade, ela nos condiciona a uma reformulação da questão original que, de certa forma, corresponde a uma restrição do problema. Escolhemos então, por razões que apresentaremos mais adiante, duas teorias para situar nossa problemática de pesquisa: a teoria das representações sociais, desenvolvida por Serge Moscovici em 1961, e a teoria dos campos conceituais, proposta por Gérard Vergnaud em 1981.

Assim, a análise da repercussão das formações em questão, tomando por referência as teorias citadas, passa a ser tratada em termos de representações. Tomando por ponto de partida a hipótese geral de que *todo indivíduo age sobre o real em função do estado de conhecimento que ele tem desse mesmo real*, a questão estudada assumiu a seguinte forma: em que medida as atividades de formação continuada contribuem para a transformação das representações dos professores sobre a matemática e seu ensino?

Ao lado desse objetivo geral, tínhamos uma outra pretensão, de ordem *científica*, que era a de explorar uma perspectiva teórico-metodológica para o estudo da formação do professor. Além da escolha de referenciais teóricos pertinentes à abordagem do problema, era preciso definir estratégias metodológicas que permitissem tratar os *fatos* de maneira coerente e consistente, tanto em relação à realidade estudada quanto ao referencial adotado. Se, por um lado, a adoção do referencial teórico conduz o pesquisador à definição das estratégias metodológicas a serem assumidas, por outro, a própria escolha dos referenciais pode trazer à tona a perspectiva de coleta e análise de dados que o pesquisador quer desenvolver. No nosso caso, buscávamos um método de pesquisa que nos desse a possibilidade de analisar opiniões de um grande número de professores de forma consistente. Foi então que buscamos trabalhar com uma perspectiva estatística inovadora, diferente da tradicional estatística inferencial. Um modelo que nos permitisse, ao mesmo tempo, uma análise quantitativa consistente e que nos aportasse a elementos qualitativos de relevância para a análise do problema investigado. Optamos por uma abordagem, elaborada na Inglaterra por volta de 1950, que pôde ser posta em uso a partir do desenvolvimento da microinformática. Apresentaremos os princípios de base e as formas de utilização desta proposta, quando discutirmos as estratégias de análise dos dados por nós adotada.

Desenvolvemos, então, com a colaboração de cento e vinte e sete professores, nossa primeira pesquisa em Educação Matemática sobre as repercussões da formação continuada nas representações dos professores sobre a matemática e o seu ensino, tratando, de maneira específica, o ensino da percentagem. Os resultados encontrados nos levaram a continuar nosso caminho de pesquisadora com a realização de mais dois outros projetos de pesquisa: um estudo sobre a relação entre a matemática concreta e a matemática abstrata e uma análise do ensino da geometria.

Nas páginas seguintes tentaremos levar a professora, o professor, o aluno, a aluna, de licenciatura ou de bacharelado, enfim, o leitor e a leitora interessados, a descobrir as trilhas por nós percorridas, com o intuito de que apreendam a riqueza do pesquisar, do analisar e, por fim, de poder retornar ao nosso ponto de partida, qual seja, tecer os laços que unem a pesquisa à aula de matemática.

Quando a teoria é necessária

Primeiro, fui professora do Curso de Psicologia da Universidade Federal da Paraíba. Em 1989, tornei-me professora do Curso de Pedagogia da Universidade Federal de Pernambuco, função que guardo até hoje com muito gosto. Meus alunos não gostavam muito da teoria, sobretudo aqueles que se formavam para ser professora ou professor. Eles aspiravam a encontrar, no curso, métodos de resolução de situações, métodos específicos de ensino. Ficava desconcertada, pois como professora de psicologia do desenvolvimento e da aprendizagem, tinha dificuldades em atender-lhes a demanda, uma vez que não conhecia fórmulas aplicáveis diretamente à sala de aula como o fazia resolvendo problemas de matemática. Tentando convencê-los, convencia-me a mim mesma, que a teoria era uma ferramenta da razão. Que conhecer sistemas elaborados sobre a formação do ser nos ajudaria a melhor entender os nossos próprios comportamentos, os de nossos alunos, enfim, a própria natureza humana que, em última instância, era o alvo de preocupação de cada um de nós. Com a evolução da Pedagogia, ultrapassamos essa barreira. A aprendizagem com compreensão, inspirada na obra de Piaget, a pedagogia da reflexão defendida por Schön e tantos outros posicionamentos sobre a importância do refletir no processo de aquisição do conhecimento, ajudaram-nos a não mais encontrar resistência, por parte dos alunos, a assumir a teoria como uma potente ferramenta de análise do comportamento humano.

Devo confessar, entretanto, que foi fazendo pesquisa que realmente encontrei o sentido da teoria. Compreendi seu potencial na passagem do mundo da intuição ao mundo da razão, do conhecimento assistemático àquele sistematizado, enfim, do conhecimento de senso comum ao conhecimento científico. A essência da atividade científica, diria assim, é transformar a realidade difusa em realidade palpável, palpável no sentido piagetiano, de agir sobre o mundo, não apenas com as mãos e com os olhos, mas, sobretudo, com o pensamento.

Pretendia avaliar as repercussões das formações continuadas oferecidas pelo LEMAT sobre a atuação do professor na sua vida profissional. Problema amplo demais para uma sistematização de natureza científica. Quantas variáveis se viam envolvidas nesse questionamento: a motivação do professor, sem falar da do aluno, o sexo, sua idade, que formação havia tido cada um dos professores e há quanto tempo estava em sala de aula? Para identificar mudanças, observaria sua forma de agir com os alunos, com os colegas, o que eles pensavam antes e que não já mais pensavam depois da formação? Era preciso, sem dúvida, delimitar meu objeto de estudo. Situar o problema dentro de um referencial que me permitisse optar por uma das dimensões do sujeito, do impacto da formação a ser analisada sem, entretanto, perder de vista a totalidade da humanidade da situação. Guiada pela minha definitiva opção profissional — a psicologia — optei por dois referenciais para a leitura da realidade a ser analisada, duas teorias psicológicas.

A teoria das representações sociais, oriunda da psicologia social, me ajudaria a analisar tanto a dimensão individual e imaginária do conhecimento quanto o aporte social daquilo que era trabalhado nas formações oferecidas no LEMAT. A teoria dos campos conceituais, modelo explicativo do processo do desenvolvimento cognitivo e da aprendizagem, seria uma forma de analisar o que se passava em sala de aula e que poderia se transformar pela participação do professor nas atividades propostas na formação continuada.

Do senso comum ao conhecimento científico: a teoria das representações sociais

Reconhecendo o homem como agente do seu próprio conhecimento do mundo, diversos modelos psicológicos têm levado em consideração a importância da imagem que o homem faz de si mesmo e de seu meio na determinação da maneira de se conduzir ou de explicar as experiências vividas ou pensadas. O ato, propriamente humano, de se distanciar da realidade através da representação de um objeto, de seu semelhante, de uma ou várias situações, de aceder àquilo que está ausente e de compartilhar com o outro suas experiências, pelas palavras ou expressão artística, por exemplo, é aquilo que mais diferencia o homem das outras espécies animais. Dessa forma, a Psicologia vai se ocupar de maneira privilegiada desse processo, ou seja, das diversas formas construídas e utilizadas pelo homem para representar o mundo, material e subjetivo, de cada sujeito individualmente e da sociedade como um todo.

Moscovici (1961), psicólogo social de origem polonesa, enraizado na França, visando a recuperar a dupla dimensão individual e social da natureza do conhecimento humano, revivifica a noção de representação coletiva de Durkheim, pela noção de representação social e, dessa forma, contribui de maneira original à compreensão do processo de conhecimento humano.

Ao fazê-lo, ele formula uma teoria do conhecimento do senso comum no qual a interdependência entre conhecimento científico e conhecimento popular é o elemento fundamental. Para este autor, existe uma relação dialética entre o conhecimento científico e o de senso comum: a apropriação do conhecimento científico pelo povo desencadeia um processo de transformação e uma pressão junto à própria comunidade científica que termina por modificá-lo. Por sua vez, o conhecimento de senso comum é também influenciado pelo conhecimento científico, submetendo-se, ele também, a uma transformação. Ao propor essa análise da relação entre conhecimento de senso comum e conhecimento científico, Moscovici rompe com a tradicional dicotomia entre esses dois tipos de conhecimento, que, por décadas, tem negado ao primeiro o *status* de saber legítimo. O conhecimento popular passa, a partir de então, a ser considerado como um verdadeiro conhecimento.

Considerando que o conhecimento popular é um conhecimento verdadeiro e uma forma de evolução do conhecimento científico, a teoria das representações sociais abre uma perspectiva para que este conhecimento tenha lugar no seio das instituições formais produtoras e reprodutoras de conhecimento, como é o caso do sistema educativo.

A noção de representação social vai levar em consideração, ao mesmo tempo, a atividade do sujeito sobre o mundo e, reciprocamente, da ação do meio, empírico e social, sobre o indivíduo. O produto dessa interação é um conhecimento particular que corresponde ao que Moscovici chamou de ***representação social***.

Definindo a representação social como uma forma de conhecimento, um conhecimento de senso comum, que orienta os processos de construção de significados e valores, de comunicação e de ação do indivíduo (Jodelet, 1989), a teoria das representações sociais tem contribuído para a ampliação do leque de conhecimentos que a escola deve levar em consideração. Além da versão escolar do conhecimento científico, tal perspectiva tem alertado a escola sobre a importância de se levar em conta o conhecimento de senso comum, como uma das variáveis a serem identificadas no processo de aprendizagem do aluno (Maia, 2000).

Formação e saber de senso comum

Numa sociedade dividida econômica, ética e socialmente, um sistema educativo que assume o compromisso com a maioria da população tem por obrigação ampliar uma visão de conhecimento para além daquele que é reconhecido como científico ou puramente escolar. O saber científico, validado por uma comunidade de especialistas, e o saber escolar dominado pelo professor, não são os únicos presentes na escola brasileira. É preciso reconhecer que circulam na escola outras formas de conhecimento, como, por exemplo, aquele que o aluno traz de casa, da rua, uma maneira intuitiva do professor de apreender a realidade escolar, versões populares de explicação dos fenômenos ambientais, físicos e humanos. Enfim, é preciso admitir que existem maneiras diversas de apreensão da realidade que circulam na instituição escolar, formas diferentes de conceber o mundo, os objetos e, mesmo, o processo de ensino-aprendizagem. Pensamos que se a escola não levar em consideração essas diversas formas de conhecimento, ela não será capaz de cumprir o seu papel social, qual seja, permitir uma maior inclusão social do sujeito que a frequenta, através da formação de indivíduos capazes de se inserirem de maneira ativa e produtiva na sociedade contemporânea.

Sendo a representação uma das formas de expressão do conhecimento de senso comum, a identificação dessas representações, tanto no nível dos professores, quanto dos alunos, pode ajudar a compreender aspectos da sala de aula que venham a contribuir com o movimento de melhoria da qualidade do ensino. Durante um certo tempo, o conhecimento popular foi silenciado na escola. Ora, segundo Moscovici, toda sociedade está permeada por esse conhecimento que ele denominou de representação social. Será que a escola é um espaço de puro saber científico? Estamos certos que não. O professor, o aluno, como atores de uma sociedade em movimento, carregam consigo um saber que se constrói no dia a dia, tanto social, familiar quanto profissional, e este conhecimento eles trazem para a escola. Identificar elementos desse conhecimento e estabelecer relações com o conhecimento científico, objeto específico de *transmissão* escolar, parece-nos corresponder a um importante passo para a compreensão de entraves e desvios que observamos no dia a dia escolar e pareceu-nos um aspecto relevante a ser analisado no estudo do impacto das formações continuadas.

Se concordarmos com a ideia de que a ação do homem sobre o mundo depende da forma como ele pensa e concebe esse mundo, ao formar professores para ensinar matemática, devemos estar atentos sobre o que eles pensam sobre a sua atividade profissional: sobre o que significa ensinar matemática e o que é aprender esta disciplina. Têm todos eles a mesma compreensão do que é saber matemática, do que é fazer matemática? Para eles, que diferenças podemos encontrar entre ensinar geometria, álgebra ou percentagem? Só muda o conteúdo, ensinar é transmitir um conteúdo, todos concordam com essa ideia? Temos certeza que os professores de matemática, apesar de todos serem professores de matemática, têm respostas diferentes para essas questões. Se assim o for, certamente, eles não agem da mesma maneira em suas salas de aula. Por isso, pensamos que um passo importante para entender o que se passa na escola e na aula de matemática, é compreender o que pensam os professores sobre o ensinar, sobre o aprender do aluno. E uma possibilidade de verificar se uma formação teve impacto no dia a dia do professor é verificar se ele mudou sua maneira de conceber sua sala de aula, seu aluno, a disciplina que ele ensina e sua própria forma de ensinar.

Uma forma de apreendermos esse movimento é conhecendo que representações o professor tem do ensino, da aprendizagem, da matemática propriamente dita, e tentar perceber se esse tipo de conhecimento de senso comum, que a psicologia chama de representação, modificou-se pela e na ação formativa.

Foi com essa perspectiva que desenvolvemos nossa primeira pesquisa em educação matemática, assim como as que se seguiram. Tentamos compreender o que pensam os professores sobre o que é matemática propriamente dita, sobre o que é ensinar matemática, aprender matemática, teria sentido falar em dois tipos de matemática, uma dita concreta e outra abstrata? Buscamos entender o que os professores pensavam sobre o ensino da percentagem, e também o que estudantes universitários, futuros professores, pensavam sobre o ensino da geometria. Transformamos nossas perguntas em objeto de pesquisa reformulando nossos questionamentos em termos de representações sociais.

A partir de agora, convidamos o leitor a adentrar no mundo da pesquisa propriamente dita, propomos que ele nos acompanhe por uma trilha que nos leva a ler a realidade de forma sistematizada, de forma científica, e que, desta maneira, possamos enxergar a nossa realidade a partir de uma nova perspectiva, de mais uma perspectiva possível, no caso, a científica. Que no final dessa caminhada, você, professora, você, professor, aluno ou aluna, e mesmo um leitor preocupado com a aula de matemática, compreenda um pouco mais o que se passa com você e daí encontre um novo rumo e que ele seja, sobretudo, aquele que escolheu e que contribua para a melhoria do ensino da matemática em nossas escolas.

Descobrindo uma trilha possível: o método científico

O tratamento científico de uma questão que nos inquieta na vida quotidiana ou em nossa vida profissional, e que queremos transformar em objeto de investigação científica, traduz essa questão em objetivos de pesquisa.

Mergulhando nossa problemática — o impacto da participação dos professores nas formações continuadas do LEMAT sobre sua prática — no referencial teórico das representações sociais, passamos a formular a questão de origem, em termos de objetivos, da seguinte maneira: identificação das representações do professor, que frequentou as formações no LEMAT, sobre a matemática e o seu ensino, e apreensão das relações existentes entre elas e esse processo de formação continuada.

Uma vez definidos os objetivos do estudo, é preciso, então, definir o caminho que nos leve, de maneira científica, ao destino almejado. Apesar de apresentar algumas características comuns, existem alternativas diversas para a abordagem científica de um objeto de pesquisa. O que podemos encontrar que une todas as perspectivas metodológicas de caráter científico e que, justamente, garante a cientificidade da abordagem, é a possibilidade e, de certa maneira, o *dever* de sistematização do processo de conhecimento que garanta uma descrição precisa do caminho percorrido que seja, ao mesmo tempo, replicável e suscetível de verificação, esta última correspondendo à fase de validação dos resultados obtidos. Na realidade, esses resultados vão corresponder a uma possível resposta à questão que deu origem à pesquisa.

Já nos referimos às relações que existem entre a perspectiva metodológica e o referencial teórico utilizado. Dissemos que, apesar do referencial teórico escolhido determinar, em certa medida, as estratégias metodológicas a serem assumidas, existe uma certa autonomia do pesquisador nas suas escolhas metodológicas. Portanto, se o referencial adotado aponta para a abordagem do problema através de perspectivas metodológicas variadas, é preciso dizer que, muitas vezes, tais estratégias são comuns a outros modelos teóricos.

A teoria das representações sociais não é uma exceção. Como em outras teorias, entrevistas, questionários, observações são perspectivas metodológicas que lhe permitem uma aproximação científica do problema. O que há de peculiar nela é a necessidade de uma utilização conjunta dos vários métodos de coleta de dados, como os acima citados, ou seja, de uma abordagem plurimetodológica do problema.

Talvez seja importante precisar que a abordagem metodológica tem que dar conta, por um lado, da coleta de dados e, por outro, da análise dos mesmos. A entrevista, o questionário e a observação são métodos de coleta de dados. Mais adiante retomaremos a análise fatorial, como uma perspectiva estatística interessante de análise dos dados.

Nos anos 1980, a teoria inicial de Serge Moscovici foi enriquecida por um outro psicólogo social, Jean Claude Abric, que introduziu uma dimensão estrutural ao modelo moscoviciano original. Desta forma, Abric (1994) propõe que o estudo das representações sociais seja feito a partir, por um lado, da identificação dos elementos constitutivos desse tipo de conhecimento, ou seja, daquilo que lhe dá sentido, e, por outro, da apreensão da organização desses elementos. Essa segunda dimensão seria alcançada a partir da identificação do núcleo central da representação e de seus elementos periféricos. Para Abric, é através da identificação do núcleo central que se apreende o caráter propriamente social da representação, enquanto que a aproximação dos elementos periféricos dá acesso à dimensão subjetiva desse conhecimento, aquela do contexto imediato, em contraposição a um contexto social mais amplo. É, então, essa dupla dimensão da representação que gera a exigência de uma abordagem plurimetodológica na pesquisa sobre representações sociais.

Para estudar as representações dos professores sobre a matemática e seu ensino e, depois, sobre o ensino da geometria, utilizamos quatro instrumentos de coleta de dados:

- o questionário de associação livre;
- o questionário de múltipla escolha;
- a entrevista semiestruturada;
- a observação.

A observação foi utilizada apenas no estudo sobre o ensino da geometria.

Vejamos um pouco mais sobre as possibilidades e limites de cada uma dessas perspectivas metodológicas.

O processo de coleta de dados: como chegar ao que pensam os professores

A entrevista semiestruturada

Um dos mais tradicionais instrumentos utilizado no estudo das representações sociais, a entrevista semiestruturada é uma das estratégias metodológicas mais úteis de apreensão de seus elementos constitutivos. A partir de um roteiro de perguntas, o pesquisador ou seu auxiliar, que assume o papel de entrevistador, realiza uma conversa com as pessoas escolhidas para serem sujeitos da pesquisa. Na pesquisa que fizemos sobre as representações do ensino da matemática, entrevistamos cento e vinte sete professores de matemática. Tal perspectiva metodológica de coleta de dados, ao oferecer ao sujeito entrevistado a possibilidade de se exprimir espontaneamente — uma vez que as questões são questões abertas — a entrevista permite a expressão do pensamento de forma articulada e argumentada, facilitando o acesso ao pensamento do sujeito entrevistado de forma integral. Mas, se a apreensão dos elementos constitutivos da representação é relativamente fácil por meio da entrevista, a recuperação da lógica pessoal não é trivial. A análise do material produzido, que corresponde à fase de análise dos dados, pode ser um obstáculo para o pesquisador, na medida em que ele se depara com uma lógica duplamente subjetiva, a do entrevistado e a do entrevistador, seja ele próprio ou um auxiliar. É preciso, portanto, ter muito cuidado quando se analisa o conteúdo da entrevista. Esta é uma das razões porque sempre é interessante uma complementação da coleta de dados, utilizando um outro instrumento. No estudo das representações sociais, a associação livre é um método interrogativo, como o é a entrevista, que tem sido muito utilizado nesse campo de pesquisa, e que tem se mostrado bastante adequado e uma das possíveis formas de complementação da entrevista.

A associação livre

Esse método consiste em, a partir de uma *palavra estímulo*, pedir ao sujeito para produzir palavras, expressões que lhe venham à mente. Por exemplo, perguntamos ao professor em que a palavra ***matemática*** o fazia pensar. Ele deveria, assim, escrever as primeiras seis palavras ou expressões que lhe viessem à mente naquele momento.

Essa forma de coleta de dados é um método considerado como um dos mais eficientes no estudo do conteúdo das representações.

> O caráter espontâneo — ou seja, menos controlado — e a dimensão projetiva desta produção devem nos permitir acessar, bem mais facilmente e ra-

pidamente que numa entrevista, aos elementos que constituem o universo semântico do termo ou do objeto estudado. A associação livre permite a atualização de elementos implícitos ou latentes que estariam afogados ou mascarados nas produções discursivas (Abric, 1994, p. 66).

Se, por um lado, essa perspectiva metodológica é de fácil aplicação, por outro, ela apresenta uma dificuldade a que não podemos deixar de estar atentos, qual seja, a dificuldade de recuperação da lógica da associação. Se a entrevista nos leva a uma dificuldade de interpretação, devido à dupla lógica discursiva, do entrevistador e do entrevistado, ela nos permite, sem dúvida nenhuma, uma maior aproximação de um pensamento articulado que traz à tona uma importante dimensão do campo semântico do conhecimento investigado. No caso da associação livre, o pesquisador tem que reconstituir inteiramente a lógica do sujeito. Embora possamos, através de métodos de análise de dados, restabelecer, de certa maneira, uma lógica entre as palavras, entre os grupos de sujeitos, devemos reconhecer ser quase impossível recuperar uma lógica individual, a partir dos dados obtidos através do método de associação livre.

Entretanto, não temos dúvida sobre a riqueza desse método para apreensão do conteúdo da representação. Estamos seguros de que não devemos desprezar seu lado prático, uma vez que o tempo necessário exigido para se responder a longos questionários escritos ou a entrevistas orais, pode corresponder a uma sobrecarga difícil de ser assumida pelo entrevistado, dificultando, dessa forma, para o pesquisador a constituição de amostras representativas. A associação livre, por sua facilidade de aplicação, deve ser entendida como uma ferramenta importante nas pesquisas onde o número de sujeitos é uma dimensão relevante para o estudo. No caso das representações sociais, ela facilita a apreensão, justamente, da dimensão social e espontânea, desse tipo de conhecimento.

O questionário

Uma outra forma de se ter acesso às representações é recorrendo ao tradicional questionário escrito, utilizado muitas vezes nas pesquisas de opinião. O pesquisador elabora questões que são, inicialmente, apresentadas a um grupo de indivíduos e, a partir das respostas dadas, ele elabora uma lista de possibilidades de respostas que comporão o questionário de múltipla escolha. Algumas das questões podem ser abertas, ou seja, não apresentarem alternativas de resposta. Por oferecer respostas predeterminadas em número limitado de escolhas, este instrumento é considerado, por um lado, mais *objetivo* do que a entrevista e, por outro, suscetível de ser respondido, como a associação livre, por um maior número de sujeitos. Dessa forma, sua aplicação é mais fácil do que a da entrevista, facilitando uma abordagem quantitativa da representação, ou seja, a apreensão propriamente social desse conhecimento.

Entretanto, a apresentação de respostas pré-elaboradas pode se configurar como uma limitação desse instrumento de coleta de dados. A crítica habitualmente feita ao questionário se refere ao aspecto constitutivo da representação; a escolha predefinida das respostas elimina a dimensão espontânea, presente na entrevista, introduzindo o risco, por exemplo, de induzir o entrevistando a abordar temas que não o faria espontaneamente.

Por esta razão, o processo de elaboração de um questionário é uma etapa fundamental da pesquisa. Não é possível abrir mão de uma fase preliminar de identificação de alguns elementos constitutivos pertinentes ao estudo da representação em questão. Para tal, a entrevista ainda é o instrumento mais adequado que deve preceder a toda elaboração de um questionário e, ao mesmo tempo, é um importante instrumento quando da complementação dos dados obtidos a partir de um questionário de associação livre.

Em busca das representações sobre o ensino da matemática

Tendo formulado a questão inicial em termos de objetivos, buscávamos agora estudar o impacto das formações, através da identificação das representações do professor que frequentou as formações no LEMAT, sobre a matemática e o seu ensino, e a apreensão das relações existentes entre elas e esse processo de formação continuada. Queríamos, em última instância, saber se a participação do professor nas atividades propostas pelo LEMAT tinha influenciado na sua maneira de pensar sobre a matemática e o ensino dessa disciplina, ou seja, tinha modificado suas representações.

Organizamos então os instrumentos de coleta de dados em torno de *temas* que pudessem inspirar os professores a falarem sobre o ensino da matemática. Como definir então os temas? Trataríamos do que pensávamos ser o mais relevante na definição da matemática, de seu ensino. Partiríamos de trabalhos já realizados? Não tínhamos dúvida de que esses aspectos deveriam ser considerados, mas que era fundamental escutar os professores, antes de propormos possíveis respostas para o questionário. Esta fase do trabalho é comumente chamada de estudo piloto. Realizamos, então, entrevistas semiestruturadas com alguns professores que lecionavam esta disciplina. Após análise das falas dos professores, que foram gravadas e transcritas pelo pesquisador, que era eu mesma, definimos os temas que norteariam nossos próximos passos no processo de coleta de dados. Os temas identificados como importantes para explorar as representações sobre o ensino da matemática foram os seguintes: *matemática, ensino da matemática, matemática abstrata, matemática concreta*. Tratamos a questão do ensino da percentagem como conteúdo específico do ensino da matemática. Neste relato, discutiremos alguns resultados relativos aos quatro primeiros temas, assim como, mais adiante, trataremos do ensino da geometria, tema que emergiu dos resultados desse primeiro estudo. Os resultados completos desse primeiro trabalho e, em particular, sobre o ensino da percentagem, podem ser encontrados em minha tese de doutorado, publicada em 1999, pela editora Septentrion-Presses Universitaires.

Uma vez definidos os temas, elaboramos um questionário contendo 39 questões, das quais a maioria era de múltipla escolha, e apenas algumas eram questões abertas. Cento e vinte sete professores de matemática responderam a esse longo questionário. Como não tínhamos possibilidade de interrogá-los antes das formações e esperarmos que as atividades delas terminassem para aplicar um novo questionário — o que corresponderia ao método longitudinal de coleta de dados — optamos por agrupar os professores por tempo de participação nas formações. Formamos então seis grupos com o intuito de comparar semelhanças e diferenças, entre eles, que pudessem nos informar sobre o impacto da participação nas representações que tinham sobre a matemática e o ensino dessa disciplina, em função do tempo da participação de cada um dos professores nas atividades desenvolvidas no LEMAT.

Os grupos foram assim estabelecidos: um grupo — dito controle — na perspectiva tradicional de pesquisa experimental, formado por professores que nunca tinham participado do Laboratório; o grupo dos formadores; um outro constituído pelos professores que há mais tempo frequentavam as formações, ou seja, mais de três anos de formação; um quarto grupo de professores cujo tempo de formação variava entre dois e três anos; ainda um grupo de professores cuja participação variava entre um e dois anos e, finalmente, um grupo de professores com tempo de formação inferior a um ano.

Pensávamos, então, comparar os grupos entre si, e ver quais deles mais se aproximavam, em termos de representações, daquelas dos formadores.

Definidos os sujeitos da pesquisa, os professores a serem interrogados, aplicamos primeiro o questionário de associação livre e depois o questionário de múltipla escolha. Essa ordem expressava um cuidado para garantir a dimensão espontânea da associação livre, pois se os professores tivessem acesso ao questionário de múltipla escolha antes de responderem ao questionário de associação livre, certamente o conteúdo desse último influenciaria nas respostas ao primeiro. Esse é um tipo de estratégia que expressa o que se chama de rigor científico, necessário à realização de uma pesquisa.

O que pensam os professores sobre o ensino da matemática

A relação que a matemática estabelece com a vida diária é um elemento que permeia grande parte das respostas dos professores, tanto ao questionário de associação livre, quanto ao questionário de múltipla escolha. Poderíamos dizer que esse é o elemento da representação sobre o ensino da matemática que mais reflete o impacto das formações propostas pelo LEMAT. Vejamos algumas respostas dadas pelos professores que nos levaram a identificar essa tendência como um importante elemento constitutivo da representação do professor sobre o ensino da matemática.

Uma das questões propostas solicitava ao professor que *"caracterizasse a matemática"* a partir da escolha, por ordem hierárquica, de três dos seguintes itens, que tinham sido identificados nas entrevistas realizadas previamente:

• ciência dos matemáticos	• linguagem específica
• técnicas de cálculo	• instrumentos para resolver problemas da vida
• sistema de técnicas	• compreensão do mundo
• sistema de conceitos	• sistema de símbolos

A análise da frequência das respostas dadas pelos professores, uma das formas que utilizamos para analisar os dados obtidos pela aplicação do questionário, apontou como item preferido pelos professores, 40,9% das primeiras escolhas, aquele que caracterizava a matemática como *instrumento para resolver problemas da vida*. Essa relação é reafirmada, como elemento constitutivo de uma representação geral da matemática, pelo percentual atribuído ao item *compreensão do mundo*, que contabilizou 26% das primeiras escolhas dos entrevistados.

As respostas a uma outra questão, que tratava também desse assunto, confirmam a importância que o professor atribui à relação da matemática com a vida. A pergunta era a seguinte: "Que grau de relação a matemática estabelece com a realidade?". Sendo a resposta formulada em termos de escala de medida (nenhum, fraco, médio, forte e muito forte), a análise das frequências das mesmas apontam para a confirmação da importância que o professor de matemática atribui a essa relação: 59,1% das respostas dadas se encontram no ponto máximo da escala, *muito forte*, ou seja, 59,1%

dos professores consideram que a relação da matemática com a realidade é muito forte, e 26,0%, consideram-na *forte*.

Podemos, então, perceber o quanto o professor de matemática está preocupado com a relação entre matemática e realidade. Diante desses resultados, podemos concluir que aproximar a escola da vida é um dos elementos constitutivos de base da representação do professor sobre o ensino da matemática.

Complementando a análise dos dados obtidos a partir do questionário de múltipla escolha com aquela do questionário de associação livre, pudemos identificar dois outros elementos constitutivos das representações da matemática que se opõem a essa primeira tendência. Esses resultados nos levaram a dizer que, para os professores existem três tipos de matemática: aquela que aproxima o indivíduo de sua realidade, que classificamos como a matemática da vida, uma matemática da pesquisa e, finalmente, uma matemática específica da escola. A realização de uma análise fatorial de correspondência, adotada como um dos métodos de análise dos dados, permitiu-nos identificar a oposição entre essas representações. Constatamos, então, a existência de uma oposição entre a matemática da vida e as matemáticas da pesquisa e da escola. Dessa forma, o professor expressava sua constatação sobre o pouco compromisso da escola com uma matemática que tivesse alguma relação com a realidade do aluno. Tentando entender essa dicotomia, entre uma matemática da escola mais próxima da matemática da pesquisa e uma matemática da vida, identificamos um importante elemento que diferenciava tais representações: enquanto que a matemática da vida se aproximava de uma matemática dita concreta, as duas outras traziam em si a abstração que, como dissemos no início, seria a característica essencial da natureza dessa disciplina, mas que para os professores entrevistados tem uma conotação negativa na medida em que não toma a realidade concreta por referência. Apesar dessa tendência, encontrada de maneira generalizada, analisando as respostas em relação ao tempo de formação no LEMAT e as relações com as representações dos formadores, pudemos verificar que aqueles professores que há mais tempo frequentavam o LEMAT tendiam, como os formadores, a aproximarem a matemática da escola daquela da pesquisa. Entendemos esse resultado no sentido de que, apesar de afirmarem a importância de um ensino contextualizado, não se podia abrir mão de uma matemática abstrata e, para eles, a solução de motivação dos alunos seriam os jogos, como instrumento de ensino-aprendizagem.

Essa dicotomia entre a existência de dois tipos de matemática já tinha sido encontrada nas entrevistas realizadas para elaboração do material de coleta de dados e, como dissemos, tínhamos proposto as expressões ***matemática concreta*** e ***matemática abstrata*** como elementos indutores no questionário de associação livre. Apresentaremos, a seguir, os resultados obtidos da análise dos dados assim coletados. Antes, porém, de analisar esses resultados, convidamos, cada um de vocês, a voltar ao domínio do método científico, discutindo a perspectiva estatística adotada, à qual nos referimos anteriormente, como uma estratégia possível e interessante de análise dos dados.

Para uma análise estatística dos dados: a análise fatorial de correspondência

Uma alternativa de análise estatística dos dados, que vem se desenvolvendo juntamente com os progressos da informática, é o método de *análise de dados*. Essa abordagem se distancia da análise estatística inferencial na medida em que ela propõe uma organização dos dados, de maneira a poder identificar algo inesperado — ouvir os dados — diferentemente da abordagem clássica, cujo principal objetivo é testar hipóteses preestabelecidas.

A assunção desta perspectiva guarda em si um desejo do pesquisador de descobrir o imprevisto, contrariamente ao método clássico que visa a testar uma asserção preestabelecida. Sabemos, entretanto, que a coleta de dados, ela mesma, não é nunca desprovida de uma ou outra hipótese que orientou o pesquisador na definição do objeto de estudo e na escolha do referencial teórico-metodológico. Esse tipo de abordagem estatística, que chamamos em francês de *analyse des données*, é uma perspectiva mais maleável, no sentido que se configura como uma ferramenta que ajuda o pesquisador a descobrir uma outra realidade que aquela estabelecida, ou imaginada, no início da pesquisa. Ao conhecermos essa perspectiva estatística de coleta de dados, tivemos a impressão — o que foi confirmado posteriormente — ser ela uma ferramenta particularmente interessante para penetrar no **significado** da representação. A possibilidade de representação gráfica dos dados, em termos de **planos fatoriais**, que por ela nos é oferecida, pareceu-nos um elemento privilegiado para a busca do significado das representações, em particular, daqueles obtidos, através de um questionário de associação livre. A organização espacial dos dados traz uma nova informação ao material coletado. Desta forma, a pluralidade da representação pode ser apreendida, tanto no que diz respeito à dimensão constitutiva da representação, em termos de *produto*, quanto de sua dimensão constituinte, enquanto *processo* e *organização*.

A análise fatorial

O princípio que se aplica a todas as análises fatoriais é o seguinte:

> A análise fatorial trata tabelas de números e ela substitui uma tabela difícil de ser lida por uma mais simples que corresponde a uma boa aproximação da primeira (Cibois, 1994).

Estas substituições correspondem a fatorações no sentido matemático do termo, por exemplo, a expressão $a^2 - b^2$ fatorada apresenta uma nova forma de ser escrita como produto de dois fatores $(a + b)$ $(a - b)$.

A ideia geométrica subjacente é de substituir uma nuvem de n dimensões por n eixos ordenados, que são os **eixos fatoriais**. O primeiro eixo corresponde à melhor representação unidimensional possível da nuvem, isto é, aquele sobre o qual se projeta o maior número de pontos deformando o menos possível a realidade (Fénelon, 1981).

Se as variáveis não possuem relação entre elas, a nuvem apresenta uma forma irregular, sem estrutura, na qual é difícil encontrar um eixo *representativo* que corresponda a uma boa redução do espaço inicial.

A *qualidade* da representação de um eixo é definida, em análise fatorial, por um índice chamado **inércia da nuvem** ou **variância.** O percentual de inércia explicada por cada eixo fatorial corresponde, de maneira intuitiva, à quantidade de informação apresentada pelas projeções dos pontos sobre o eixo. Esses eixos definem a representação fatorial. Existem vários tipos de análises fatoriais: a análise implicativa, a análise de componentes principais e a análise de correspondência. Elas têm em comum a *intenção* de identificaram as covariações entre perfis de respostas (Doise, 1992).

A análise fatorial busca identificar os elementos que diferenciam as respostas dadas de uma resposta *média.* Definindo uma resposta média ideal, *imaginária,* o centro de gravidade, ela permite a identificação das distâncias das respostas entre si.

A utilização da análise fatorial no campo das representações sociais permite identificar as diferenças entre estas representações, de definir a heterogeneidade entre os indivíduos. Isso é possível a partir da análise de um gráfico chamado **plano fatorial.** Como queríamos analisar a existência de diferenças entre os grupos de professores com tempos diversos de formação, tal perspectiva metodológica nos pareceu promissora.

A análise fatorial é, assim, um método de análise dos dados que permite definir as distâncias entre os indivíduos e sua distribuição. A proximidade e o distanciamento, entre indivíduos e entre as variáveis, são representados sobre um gráfico chamado **plano fatorial**. Caberá ao pesquisador analisar esse gráfico em função das aproximações e distanciamentos entre as variáveis analisadas.

Voltemos, então, aos nossos resultados, para ver como utilizamos esse procedimento estatístico e como pudemos entender o pensamento dos professores sobre o ensino da matemática, abordando, de forma mais específica, a diferença anunciada entre dois tipos de matemática.

Tem sentido se falar de uma matemática concreta

A necessidade de se formar um homem conhecedor e ator de sua realidade, fundamento básico do processo de redemocratização do país, levou os educadores a hastearam a bandeira da contextualização do conhecimento escolar. Não há dúvida que este foi um passo fundamental para um processo de transformação da escola, que ainda não terminou seu percurso. Esse projeto foi amplamente discutido no ensino da matemática. Propostas inovadoras, propondo a contextualização do ensino da matemática, emergiram desse novo ramo de pesquisa, a Educação Matemática. Se isso, por um lado, fortaleceu um movimento de educadores, preocupados em dar um sentido ao saber escolar, por outro, excluiu, da sala de aula, alguns saberes, ditos muito abstratos, que nos parecem fundamentais à apreensão da essência do conhecimento propriamente matemático, verdadeiro patrimônio cultural e científico da espécie humana.

Um outro aspecto a ser considerado nesse debate diz respeito ao que realmente se passa em nossas aulas de matemática. Se a dimensão concreta da matemática passou a ocupar um lugar de destaque no discurso daqueles que se preocupam com a melhoria do ensino e que buscavam aproximar a escola da maioria dos alunos que a frequentavam, pode-se constatar que, o que ainda predomina na aula de matemática, é uma matemática sem relação com a vida cotidiana, ou seja, um ensino eminentemente abstrato. É isso que tentaremos mostrar com a apresentação e discussão da pesquisa que realizamos sobre o ensino da Geometria.

Por que estudar o ensino da geometria

A partir de uma análise comparativa, realizada ao longo de nosso estudo inicial, identificamos significados diferentes entre professores brasileiros e franceses sobre a aplicabilidade da matemática.

Diferentemente do que pode ser identificado entre os professores franceses (Robert & Robinet, 1989/1992; Bonneville et al., 1991; Schubring et al. 1993; Maia, 1993), a *funcionalidade da Matemática* aspirada pelos professores brasileiros se dirige, quase que exclusivamente, à sua utilização na *resolução de problemas da vida quotidiana*. Para os professores franceses esta funcionalidade é vista de maneira mais ampla, como forma de encontrar melhores *ferramentas para resolver problemas internos à própria matemática*, ponto de vista que corresponde à ideia expressa na dialética *outil-objet*, proposta por Douady (1986). Esta funcionalidade se exprime, ainda, pela *eficiência do pensamento* matemático, no sentido de *formação da mente*. Ou então, como instrumento de *seleção social*, um bom desempenho nesta disciplina é condição necessária à promoção social.

Para o professor brasileiro, a dimensão social da matemática se expressa, quase que exclusivamente, na busca de *aplicação à vida diária*, própria ao que eles deno minam de matemática concreta. A *formação da mente* é considerada como específica a um único tipo de matemática, a matemática abstrata (Maia, 2000).

Ao serem interrogados sobre essa relação, os professores reforçam essa ideia ao identificarem certos conteúdos de ensino como próprios a um ou a outro tipo de matemática. Eles consideram, entretanto, outros como suscetíveis de facilitar o estabelecimento de uma relação entre as dimensões abstrata e concreta da matemática.

Assim, eles não têm dúvida quanto à dimensão abstrata da *álgebra* ou da *lógica*. Enquanto que as *quatro operações* ou a *proporcionalidade* trazem consigo a dimensão concreta dessa disciplina. Os professores franceses (Maia, op. cit.) consideram a geometria como um conteúdo privilegiado à introdução do método dedutivo, em uma perspectiva visando à aprendizagem da demonstração matemática, exercício que supõe, obrigatoriamente, um alto nível de abstração. Para surpresa nossa, os professores brasileiros têm uma opinião diferente: para eles a *geometria* é considerada como um *conteúdo de ensino que se situa entre a matemática concreta e a matemática abstrata* e que deve ser privilegiado para que se faça a ponte entre esses dois campos da atuação matemática. Esses resultados nos levam a crer na existência de representações diferentes da geometria entre professores franceses e brasileiros.

Poder-se-ia pensar que a diferença dessas duas representações reflete duas abordagens da geometria presentes na literatura: a atividade geométrica enquanto experiência racional de dedução visando, em última instância, à demonstração (Bkouche, 1988; Barbin, 1993; Vergnaud &

Laborde, 1994, Câmara, 1997/1999) e a atividade geométrica enquanto constatação empírica, verificação e medição do espaço sensível.

No movimento de *concretização* do conhecimento escolar, acima apontado, abre-se um espaço para a geometria que, segundo Lorenzatto (1995), encontrava-se *omissa* da sala de aula. O ensino da geometria passa tanto a ocupar um lugar no cenário da pesquisa educacional, quanto é apontada, nos Parâmetros Curriculares Nacionais, como um conteúdo de ensino de 1ª a 4ª e de 5ª a 8ª séries. (PCN, 1ª a 4ª p. 128 e 5ª a 8ª p. 51).

Os primeiros resultados dos estudos avaliativos realizados a esse respeito constatam, entretanto, a ausência desse conteúdo nos programas e, sobretudo, na aula de matemática (Lorenzatto, op. cit.; Câmara, op. cit.). No caso em que a geometria é ensinada, e isto acontece sobretudo na França, observam-se duas tendências, a presença, em sala de aula, de uma geometria teórica, independente de uma modelização do espaço ou uma passagem não problematizada entre a geometria da observação e a geometria da demonstração (Vergnaud & Laborde, op. cit.).

Tais constatações têm levado alguns autores a retomarem uma ideia de Platão para analisarem o ensino da geometria, ideia essa que ressalta a diferença entre os significados geométricos das palavras figura e desenho (Arsac, 1992; Laborde & Caponi, 1994, Berthelot & Salin, 1995; Comiti, 1999).

Arsac (1992), pesquisador francês, recorre a Platão para estabelecer essa diferença, *a figura geométrica é um objeto ideal, do qual os desenhos concretos, que se possa fazer, são apenas representações imperfeitas* (Platão, citado por Arsac, op. cit.).

A figura é, assim, o objeto abstrato que serve de substrato para o raciocínio, para o pensamento. Enquanto tal pode ser identificada ao objeto da teoria. O desenho, por sua vez, é a materialização sobre uma folha de papel, uma tela do computador etc. O desenho é um modelo da figura. A figura permite a determinação de propriedades, estabelecendo instrumentos de generalização, o desenho se refere ao objeto concreto que *figura* na folha de papel. Importante ressaltar que a passagem do desenho à figura pode ajudar a situar a geometria na fronteira do sensível e do inteligível, do concreto e do abstrato. Entretanto, é preciso estar atento ao fato de que o desenho pode também ser um obstáculo à figura, pela atração perceptiva que ele oferece (Vergnaud & Laborde, op. cit.)

A discussão em pauta parece-nos promissora à compreensão da dinâmica que se pode estabelecer, em sala de aula, entre uma geometria da realidade e uma geometria da razão, entre uma matemática concreta e uma matemática abstrata. Ela nos impulsiona à reflexão sobre o papel das representações gráficas como mediadores passíveis de facilitar ou dificultar a compreensão e a passagem dos objetos do espaço físico aos objetos teóricos, tidos como genuinamente geométricos (Berthelot & Salin, op. cit.; Comiti, op. cit.) e, desta forma, adentrarmos no mundo verdadeiramente matemático.

Diante dessas considerações, e fiéis à nossa convicção sobre a importância de se conhecer o que pensamos para mudar nossas práticas quotidianas, acreditamos que um estudo das representações do professor/do aluno sobre a geometria associado à análise do ensino dessa disciplina, poderia contribuir à compreensão de alguns aspectos subjacentes ao seu ensino que, a médio prazo, venha ajudar a formulação de uma intervenção didática no sentido indicado pelos nossos resultados iniciais: estabelecer uma relação entre os aspectos mais teóricos da matemática e suas aplicações na resolução de problemas reais que tenham sentido para o sujeito, dimensão fundamental na expressão do impacto das formações oferecidas pelo LEMAT.

A teoria dos campos conceituais: uma perspectiva de análise dos aspectos científicos do conhecimento

A análise comparativa entre conhecimento de senso comum e conhecimento científico necessita um referencial teórico complementar à teoria das representações sociais. Para análise científica do conhecimento, seja ele de senso comum ou escolar, precisamos de um referencial que nos ajude na identificação de categorias, próprias a essa modalidade de conhecimento. É o que justifica nossa escolha pela teoria dos campos conceituais.

> A teoria dos campos conceituais é uma teoria cognitivista, que tem por objetivo fornecer um quadro coerente e alguns princípios de base para o estudo do desenvolvimento e da aprendizagem das competências complexas, em especial, daquelas que se referem à ciência e à tecnologia (Vergnaud, 1990, p. 135).

Para Vergnaud (op. cit.), a conceitualização do real tem um papel fundamental à construção/aquisição do conhecimento científico pelo ser humano. Segundo este autor, é pela conceitualização que o conhecimento se torna ***operatório***, ***generalizável***, características genuínas ao conhecimento científico. Esses dois aspectos são fundamentais à diferenciação entre o conhecimento científico e o de senso comum, uma vez que o segundo, tem por principal característica estar sempre circunscrito a uma situação específica.

Vergnaud (op. cit.), ao descrever o processo de conceitualização do real, vai nos oferecer três dimensões — relacionadas de maneira interdependente — que podemos considerar como uma forma de cientifização do conhecimento. Para ele, conceito se define por um conjunto formado de três elementos, ou seja,

C = { S, IO, & }, *no qual*

S = conjunto de situações que dão sentido ao conceito (a referência);

IO = conjunto de invariantes operatórios, mecanismos utilizados pelo sujeito na resolução do problema, sobre os quais se apóiam a operacionalidade dos esquemas (variável psicológica);

& = conjunto de representações simbólicas utilizadas/possíveis, tanto para a apresentação quanto para a resolução do problema (possibilidade de representação simbólica do conceito).

Recorremos, então, a esse referencial na análise das escolhas didáticas do professor, tanto no nível do que se passa diretamente na sala de aula, quanto no material utilizado pelo professor. Ele nos permite vislumbrar que dimensões do conhecimento são tratadas em sala de aula, que o aproximam do conhecimento científico e, desta forma, comparar com o conhecimento de senso comum.[1]

A partir da adoção desse modelo teórico na abordagem de nossa problemática, uma nova etapa foi prevista para a realização do estudo sobre o ensino da geometria. Em um primeiro momento, como previsto, identificaríamos as representações sobre a geometria e, em uma segunda etapa, analisaríamos a sala de aula, em função dos resultados precedentes e tomando a teoria dos campos conceituais como norte para a análise da prática pedagógica do professor.

As representações dos professores sobre o ensino da geometria

Desafiados pelos diversos questionamentos, apresentados anteriormente, desenvolvemos um projeto de pesquisa, estruturado em etapas sucessivas.

A primeira delas correspondeu ao levantamento e análise das representações de professores e alunos sobre o ensino da geometria. Interrogamos 189 sujeitos, dentre os quais 84 professores, de matemática e de disciplinas diversas, e 105 estudantes,[2] alunos de vários cursos de graduação da UFPE — Pedagogia, Licenciatura em Matemática e em outras disciplinas. O instrumento de coleta de dados utilizado, nesta etapa, foi um questionário de associação livre; o sujeito interrogado *deveria escrever seis palavras ou expressões que a palavra geometria lhe fazia lembrar*. A análise da frequência das palavras associadas, bem como a realização de uma análise fatorial de correspondências das mesmas e das variáveis de identificação dos sujeitos, levou-nos à identificação, em linhas gerais, de duas representações da geometria. Em uma delas a geometria é identificada

1. Nota das organizadoras: A teoria dos campos conceituais, proposta por Vergnaud, é base também de outros estudos relatados e discutidos neste livro, e constitui, como o próprio leitor poderá constatar, um referencial teórico com muitas repercussões práticas para a sala de aula de Matemática.

2. Só trataremos dos resultados relativos aos professores. Os resultados completos podem ser encontrados em Maia et al. (1999).

a um instrumento de leitura da realidade e na outra a geometria é vista como ciência da demonstração. A primeira pode ser atribuída aos professores de disciplinas diversas, enquanto que a segunda corresponderia a uma representação mais específica do professor de matemática.

Para que o leitor apreenda melhor nossa forma de análise de dados e a riqueza do método estatístico utilizado, vamos acompanhá-lo na leitura do gráfico abaixo, que corresponde a uma das análises que nos levou aos resultados sintetizados no parágrafo anterior.

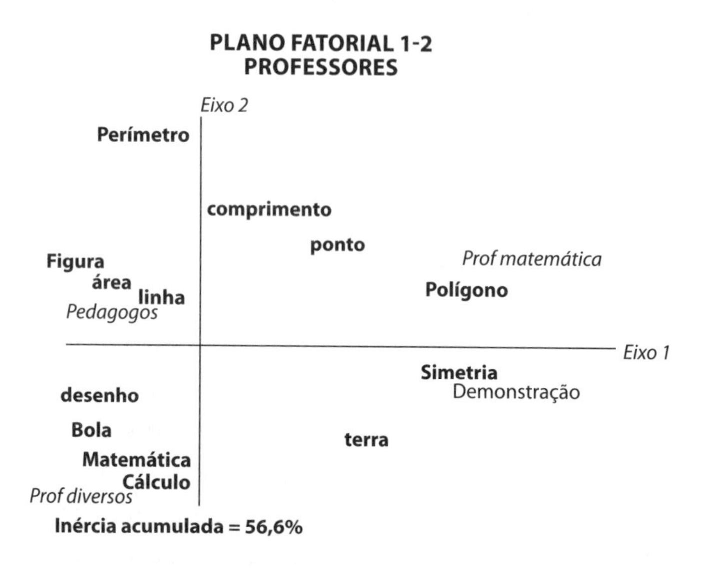

O gráfico acima foi feito com o auxílio de um *software* que se chama Tri-Deux, tomando as palavras associadas que têm frequência superior a quatro e as características de identificação dos sujeitos interrogados. Na análise em questão, só levamos em consideração a variável *área de atuação*. Essas palavras juntamente com as variáveis de caracterização dos professores, são submetidas a uma análise fatorial de correspondência e o resultado principal é esse plano, chamado plano fatorial. O índice denominado *inércia acumulada* corresponde ao índice da realidade a que corresponde essa representação. No caso em questão, essa figura corresponde a 56,6% da organização entre todas as palavras associadas à geometria. Por termos muitas variáveis envolvidas, uma vez que cada professor é identificado por sua área de atuação e mais 6 variáveis, que correspondem às palavras associadas, perfazendo um total de mais de 600 variáveis, uma inércia superior a 50% é considerada satisfatória. Sabendo que a representação corresponde a uma aproximação pertinente da realidade, cabe, então, ao pesquisador ler e interpretar o gráfico em termos de aproximações e oposições em relação a cada um dos eixos. Deve-se começar essa leitura pelas oposições mais extremas em relação a cada eixo. Existe um outro índice que se chama *contribuição para o fator*, que nos ajuda na interpretação. Ele corresponde a um valor de quanto cada palavra ou variável contribui para a formação do fator, eixo fatorial. Quanto maior for esse valor, mais devemos atribuir importância à palavra na nossa interpretação. Todas as palavras que compõem o gráfico acima, formado pelos dois primeiros fatores, têm uma contribuição superior à contribuição média, o que justifica a importância dessas palavras.

Vejamos, então, como fizemos a leitura para chegar aos resultados anunciados. No eixo 1, a maior oposição percebida é entre as palavras *demonstração, polígono* e as palavras *figura, desenho* e *bola*. Interpretamos essa oposição segundo o que encontramos na literatura e em nossos resultados anteriores, de existência de duas concepções da geometria, aquela da demonstração em oposição a uma geometria como instrumento de leitura e de reprodução da realidade, já que temos *demonstração* de um lado e a palavra *bola* como representante material dessa realidade. Se buscarmos identificar quem diz o quê, vemos que pedagogos e professores de disciplinas diversas se agrupam em torno de uma representação da geometria como instrumento de leitura da realidade imediata, enquanto que são justamente os professores de matemática que definem a geometria tendo a demonstração como principal categoria de análise, ao lado de um conceito genuinamente geométrico como o de polígono.

Muito interessante é, também, a análise das oposições em relação ao eixo 2. Vejamos que a oposição se dá entre *perímetro* e *cálculo — matemática*. Comparando esta oposição — ainda em relação ao eixo 2 — com as características dos entrevistados, poderíamos afirmar que são os professores de matemática e os pedagogos que atribuem características específicas à geometria, enquanto que os professores de disciplinas diversas a identificam de maneira geral à matemática, ao cálculo. Aliás, o Cálculo é um elemento constitutivo geral da representação da matemática encontrado por nós e por vários autores. Um dado muito interessante, para o qual não poderíamos deixar de chamar atenção, é a oposição entre as palavras *figura* e *desenho*, além de suas aproximações respectivas com as palavras *área — linha* e *formas — bola*, remetendo-nos à análise, apresentada acima, sobre a diferenciação entre figura e desenho e, mais uma vez, diferenciando as representações de professores de matemática e de pedagogos daquelas de professores de disciplinas diversas.

Enfim, fica claro que entre os professores entrevistados existem duas representações da geometria, uma da realidade, do concreto, do desenho e uma outra, aquela dos professores de matemática, da demonstração, do objeto genuinamente geométrico, das propriedades de uma figura geométrica.

Espero que o leitor tenha podido apreciar a riqueza de elementos trazidos por esse tipo de análise estatística dos dados e que tenha tomado gosto por uma análise científica da realidade.

Uma análise da prática pedagógica do professor ao ensinar geometria

Identificadas as representações dos professores, ou seja, o que eles pensavam sobre o ensino da geometria, passamos a analisar o que se passava, mais especificamente, nas salas de aula. Isso foi feito de três maneiras e em momentos distintos. Inicialmente, identificamos os conteúdos que os professores ensinavam e comparamo-los com os elementos constitutivos das representações, inicialmente identificadas. Em seguida, observamos aulas de geometria e recolhemos o material didático utilizado para ser posteriormente analisado. Vejamos o que fizemos nos dois primeiros momentos. Não trataremos neste texto do material didático.

Os conteúdos de ensino

Fizemos, então, um levantamento dos conteúdos ensinados pelos professores. Foi aplicado um questionário escrito junto a 40 professores de matemática, dentre aqueles que tinham respondido o questionário de associação livre, na etapa precedente. Pedia-se que eles apontassem os conteúdos de geometria que ensinavam, indicando as séries correspondentes. Uma vez feito o levantamento dos conteúdos propostos, com suas séries respectivas, constatamos que alguns conteúdos como *ângulo* e *área* eram ensinados em todas as séries do Ensino Fundamental, da 5ª a 8ª séries. Comparando esses dados com as palavras associadas na primeira etapa, concluímos que, na realidade, das 233 palavras diferentes associadas à geometria apenas 35 correspondem a conteúdos de ensino. Isto nos leva a crer que, por um lado, o campo da geometria, efetivamente ensinado na sala de aula é bastante restrito e que muitos dos conteúdos são retomados várias vezes. Por outro, podemos vislumbrar que os elementos constitutivos do conhecimento de senso comum sobre a geometria não se referem a conteúdos disciplinares ou conceituais propriamente ditos.

Tais resultados, descritos detalhadamente em publicações já citadas, orientaram-nos na consecução das etapas posteriores que visavam, de forma mais específica, a analisar a prática pedagógica do professor ao ensinar geometria, a partir da comparação com os resultados obtidos nas fases iniciais, ou seja, as representações identificadas.

A aula de geometria

Para analisar a aula de geometria utilizamos como instrumento de coleta de dados observações, que foram gravadas e registradas a partir de um guia de observação elaborado a partir das categorias definidas por Vergnaud para descrever o processo de conceitualização do conhecimento, apresentado anteriormente.

Oito professores da rede pública de ensino do estado de Pernambuco, que ensinam geometria de 5ª à 8ª do Ensino Fundamental, foram observados em suas salas de aula, perfazendo um total de quarenta aulas.

A análise do material coletado foi feita por partes, em função das dimensões apontadas por Vergnaud no processo de conceitualização do real. Primeiro, identificamos as situações usadas pelos professores em suas aulas para dar sentido/apresentar o conteúdo a ser ensinado. Neste momento, fizemos a análise estabelecendo uma relação com os resultados anteriores, ou seja, classificamos as situações entre aquelas que tinham uma relação com a realidade e as que não tinham. Em um momento seguinte, fizemos uma análise aberta, ou seja, classificando todas as situações utilizadas pelos professores, sem precategorizarmos as situações. Finalmente, analisamos as diversas formas de representação simbólica utilizadas pelos professores durante a aula. Apresentaremos os resultados de cada uma dessas análises e, no final, propomos um quadro geral, que sintetiza o que se passa nas nossas aulas de geometria.

Representações e prática pedagógica

Assim, em um primeiro momento de nossa análise das aulas, buscamos classificar, dentre as situações utilizadas pelo professor durante a aula de geometria, aquelas que apontavam para aplicações na vida diária e as que não faziam qualquer referência ao cotidiano dos alunos, escolha feita em função das representações que tínhamos identificado na fase inicial de nossa pesquisa. Classificamos, então, as situações utilizadas em cada aula em relação ao conteúdo trabalhado pelo professor. O quadro a seguir corresponde a uma síntese da análise realizada. Ele se refere a 24 das 40 aulas observadas, aquelas que se referiram aos conteúdos citados na fase anterior. Na análise seguinte todas as 40 aulas foram analisadas.

Podemos constatar que há uma maioria de situações S1, o que nos leva a pensar que grande parte deste ensino não toma a realidade por referência, ou seja, que há uma tendência a tratar a geometria, na sala de aula, sobretudo, de um ponto de vista formal, abstrato, como dizem os professores.

De que maneira é possível relacionar este resultado com aqueles obtidos na primeira etapa? Tínhamos identificado como elemento central de uma das representações da geometria sua aproximação com a vida diária. Na sala de aula, encontramos, sobretudo, uma representação correspondendo a uma visão mais abstrata da geometria e, como tal, de di-

QUADRO 1
Situações utilizadas pelos professores para a apresentação/discussão dos conteúdos apresentados nas aulas

CONTEÚDOS	Aula 1	Aula 2	Aula 3	Aula 4
Ângulos	S1	S2		
Círculo Circunferência	S1	S1		
Construção de figuras geométricas	S1/S2	S1/S2		
Medidas	S1/S2			
Teorema de Thales	S1/S2			
Triângulo	S1			
Ponto	S1	S1		
Plano	S2	S1		
Linhas	S1	S1/S2	S1	S1
Reta	S1	S1	S1/S2	
Segmentos	S1	S1	S1/S2	S1

S1 = situação sem relação com a realidade
S2 = situação que faz referência à vida cotidiana

fícil aproximação da vida diária. Pensamos, que essa relação entre o que é dito e o que é praticado, não é direta e é bastante complexa. Na geometria, como penso eu para outros conteúdos de matemática, há, para vários conceitos, uma dificuldade real de situá-los em um contexto da realidade quotidiana de alunos de 5ª a 8ª séries. Acreditamos, entretanto, que não é por isso que o aluno deva deixar de aprendê-los, tampouco, que não se encontre uma forma motivadora de ensiná-los.

Diante desses resultados, achamos que seria interessante ampliar a análise, identificando os vários tipos de situação que o professor utilizava durante a aula de geometria, acreditando poder vislumbrar possibilidades didáticas, que rompam com a dicotomia restritiva entre o concreto e o abstrato, o aplicável imediatamente e o não utilizável, pelo menos, no momento da aprendizagem.

As situações didáticas encontradas durante a aula de geometria

Realizamos, então, uma segunda análise das aulas observadas. Desta feita, ampliamos nossas categorias de análise das situações utilizadas pelo professor. Na realidade, diferentemente da primeira estratégia de análise, na qual as categorias foram predefinidas a partir dos resultados das fases anteriores, fizemos um levantamento de todos os tipos de situação a que o professor recorria, durante sua aula. Identificamos nove tipos de situações diferentes, usadas no ensino da geometria.

A seguir, apresentaremos, definiremos e exemplificaremos a classificação realizada, e temos certeza que o leitor poderá constatar o enriquecimento dos dados, em relação à primeira etapa. Poderemos observar que, se, por um lado, encontramos uma diversidade de situações utilizadas durante as aulas, há também uma constância que reflete uma concepção comum de ensino na aula de geometria. Esta classificação foi feita a partir da observação das aulas dos oito professores. Apesar de as aulas diferirem, veremos que as situações se repetem para professores diferentes.

1. Situação de Definição

O professor apresenta o conteúdo a ser trabalhado sob a forma de uma proposição/afirmação, na qual ele indica as principais propriedades do conteúdo.

Exemplo: *Circunferência é uma linha curva, plana, fechada, cujos pontos são equidistantes (têm a mesma distância) de um ponto chamado centro.*

2. Situação de Aplicação

O professor, após definir o conceito, apresenta possibilidades de utilização do conceito. Duas variações foram identificadas para esse tipo de situação:

SA1 — utilização dos conceitos na vida diária dos alunos;

SA2 — quando o aluno utiliza o conceito na própria matemática, seja através de exemplos, seja para compreender novos conceitos.

Exemplo: *Professora: Gente, os tipos de linha que são usados em desenhos na arquitetura.*

3. Situação de Construção

O conceito é construído pelos alunos a partir da orientação do professor, através de explicações, debates, experiências ou manipulação de objetos concretos.

Exemplo: *Construção do conceito de cubo, utilizando caixas trazidas pelos alunos.*

4. Situação de Exercício

Quando o aluno exercita o que foi ensinado. Encontram-se vários tipos de situação de exercício.

SE1 — o exercício é passado logo após a definição e apresentação do conteúdo;

SE2 — o exercício é mimeografado e os alunos levam para casa ou fazem durante a aula;

SE3 — situações nas quais, a partir de um mesmo exercício, o professor utiliza várias situações de aprendizagem, mostrando as variações que podem ocorrer no mesmo;

SE4 — situações que permitem ao aluno o uso de materiais geométricos próprios, como transferidor, esquadro etc.;

SE5 — situações de exercícios que buscam desafiar o aluno a resolvê-los através do raciocínio lógico.

5. Situação de Correção de Exercício

O professor resolve exercícios já aplicados, com o objetivo de verificar a aprendizagem.

6. Situação de Revisão

Este tipo de situação ocorre quando o professor revisa conceitos aprendidos anteriormente. Observam-se duas modalidades:

SR1 — quando o professor revisa conteúdos da aula passada;

SR2 — quando, para a compreensão de um novo conteúdo, é feita alusão a conteúdos trabalhados anteriormente.

Exemplo: *O professor diz: Nós vimos, na aula passada, que o triângulo é formado por ângulos internos.*

7. Situação de Questionamento

Quando a introdução do conteúdo é feita partindo de questionamentos aos alunos.

Exemplo: *O professor diz: Ângulo é uma palavra que deriva de triângulo, então o que é ângulo?*

8. Situação de Leitura

O professor lê em voz alta com os alunos todas as definições que foram colocadas no quadro.

Exemplo: *Após escrever a classificação dos triângulos no quadro, o professor faz a leitura da mesma. Professor: Então nós temos triângulo retângulo, que tem um ângulo reto e os outros menores que 90°.*

9. Situação de Prova

Situações nas quais o professor tem por objetivo verificar, através de uma medição, a aprendizagem manifestada por seus alunos.

Como o leitor pode constatar, o professor recorre a uma variedade de situações durante a aula de geometria. Talvez você esteja pensando que não há nada de surpreendente nas situações encontradas. Todos os professores, há anos, utilizam essas estratégias de aula. É verdade. Penso, entretanto, que isso não é negativo. Muito pelo contrário, fazer uma análise científica do que se passa em sala de aula mostra-nos que o professor, apesar de tantas críticas, desenvolve um trabalho multifacetado em sua sala de aula, o que quer dizer que ele não atua de maneira intuitiva, contradizendo aqueles que não acreditam na profissionalização do docente. Por outro lado, essa análise aponta para a necessidade de enriquecer, complementar e sistematizar a aula de matemática, e oferece, ao mesmo tempo, uma ferramenta para que se chegue a isso, a saber, categorias de análise baseadas na teoria dos campos conceituais. A seguir, apresentaremos mais uma possibilidade de leitura da aula tomando ainda por referência essa teoria.

A potencialidade da representação simbólica na aula de matemática

Complementando o estudo da prática pedagógica no que diz respeito à aula, analisamos as observações realizadas em função de uma outra categoria proposta por Vergnaud (op. cit.), ou seja, *tipos de representações simbólicas utilizadas* nas diversas situações de aprendizagem. Tal estratégia metodológica nos permitiu constatar a importância da *representação gráfica* como uma característica fundamental do ensino da geometria e em que medida pode e deve ser explorada para facilitar a compreensão no processo de aquisição de conhecimento, a tornar palpável o inatingível.

Como para a classificação das situações, o registro das aulas observadas foi analisado com vistas a identificar que tipos de representação simbólica o professor utilizava durante sua aula. Depois de minuciosa análise, chegamos a sete categorias que passaremos a descrever como o fizemos para as situações.

1. **Representação através da linguagem escrita:** utilização da linguagem escrita propriamente dita.
2. **Representação oral:** o professor orienta o exercício, explica uma definição, apresenta formas de utilização do conceito etc. através da expressão oral.
3. **Representação através de desenhos geométricos:** o professor utiliza um desenho geométrico.
4. **Representação através de desenhos e símbolos matemáticos:** o professor utiliza um desenho geométrico aliado a símbolos matemáticos.

5. **Representação através de símbolos matemáticos:** o professor utiliza apenas símbolos matemáticos.
6. **Representação através de objetos palpáveis:** o professor recorre a um objeto concreto para apresentar ou exercitar o conteúdo.
7. **Representação por desenhos ligados à realidade:** quando o professor recorre a um desenho ligado à realidade.

O quadro da página seguinte sintetiza os resultados observados, estabelecendo uma relação entre tipos de situações presentes na sala de aula e as formas de representação associadas a cada uma delas. Podemos visualizar, de forma sintética, o que se passa em nossas aulas de geometria.

Para ter uma visão mais geral das formas de representação utilizadas na sala de aula apresentamos o gráfico a seguir.

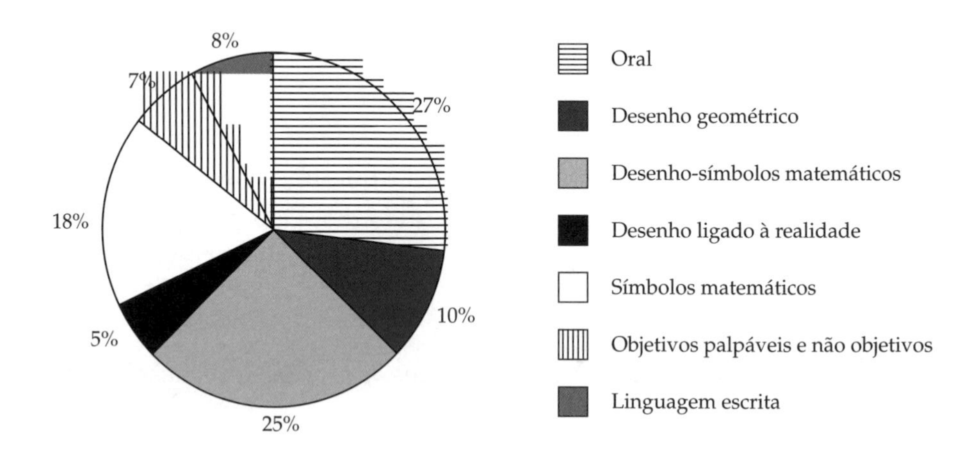

Analisando o Quadro 2 podemos observar que a situação mais utilizada nas aulas de geometria ainda é o recurso à definição dos conceitos. Seguindo uma perspectiva de ensino tradicional, apresentação de conteúdo, treino, encontramos um alto índice de situações de exercício e de correção, bem mais do que de aplicação. Isto nos faz pensar que a aula de geometria ainda está distante de uma prática de aproximação da escola da

QUADRO 2

Situações/formas de representações simbólicas

	Oral	Desenho geométrico	Desenho ligado à realidade	Desenho e símbolos matemáticos	Símbolos matemáticos	Objetos palpáveis	Linguagem escrita	TOTAL
Definição	25	8	6	19	17	4		79
Aplicação	2	1	1	2	3			9
Construção	3			5		6		14
Exercício	2	6	3	12	7	4	6	40
Correção de Exercício	7	1	1	5	7	1		22
Revisão	7	1		1				9
Questionamento	12							12
Leitura							2	6
Prova	4	6	1	14	7		12	44
TOTAL	62	23	12	58	41	15	18	

vida dos alunos, mesmo se os professores pensam que isto é necessário. Interessante observar que, apesar de mais escassas do que as situações anteriores, já encontramos situações de questionamento e de construção, talvez expressão de um movimento de transformação do ensino.

Quanto às formas de representação utilizadas, ainda é a expressão oral o maior recurso didático a que o professor faz apelo, seguido de símbolos matemáticos. Esta constatação vem confirmar, de certa maneira, os resultados anteriores, no sentido de que a geometria que ainda é predominante na escola é aquela que se situa, sobretudo, do ponto de vista matemático com pouca alusão ou aplicação para compreensão dos fenômenos da vida dos alunos.

À guisa de conclusão

Tentamos, pela forma como apresentamos nosso trabalho, fazer com que o leitor acompanhasse o percurso por nós percorrido durante a realização de nosso projeto de pesquisa. Se assim o fizemos foi para, de certa maneira, convencê-lo da pertinência e da riqueza de assunção dos modelos teórico-metodológicos utilizados para a análise do ensino de disciplinas específicas.

Esperamos que tenha sido possível constatar em que medida a sucessão de etapas, assumindo a complementaridade dos dois enfoques teóricos, foi permitindo o aprofundamento de nossa análise. Constatando, de forma sistemática, resultados gerais de trabalho anterior, foi possível inicialmente identificar duas fortes tendências no conhecimento de senso comum da geometria. A primeira delas reafirmando a busca por uma matemática que modele e explique a realidade e, uma outra, que descubra a dimensão, propriamente matemática, deste tipo de conhecimento, a abstração, na geometria, com ênfase para a demonstração.

Analisando de perto o que se passa em nossas salas de aula, descobrimos que, apesar de uma tendência geral de contextualização do ensino da matemática, corroborada na fase anterior pela identificação de uma representação da geometria voltada para uma leitura da realidade, os professores observados primam por uma prática onde a realidade de vida dos alunos é pouco considerada. A aula de geometria ainda é uma aula de definições de conceitos matemáticos abstratos, apresentados oralmente para os alunos que, por sua vez, são solicitados a exercitá-los através de atividades repetitivas e sem uma referência concreta.

Apesar dos resultados refletirem uma aula de matemática com fortes elementos de uma prática pedagógica tradicional, a análise feita à luz da teoria dos campos conceituais nos levou a identificar uma pluralidade de situações às quais o professor faz apelo durante sua prática pedagógica. Este dado revela que muitas são as possibilidades que o professor tem para mudar a sua prática, enriquecendo o dia a dia da sala de aula. Um elemento identificado que nos parece fundamental, em particular para o ensino da geometria, é a variedade de representação simbólica de que o professor pode recorrer como instrumento de mediação para facilitar a aprendizagem dos alunos, assim como tornar menos abstrato aquilo em que na sua essência é genuinamente um produto da ação mental do ser humano.

Esperamos que aquele que seguiu conosco esse longo percurso de leitura científica de uma realidade tão próxima a cada um de nós, tenha se sentido motivado a adentrar em mais uma experiência de sua vida e que ela valha para seu crescimento, e também para que você seja mais um daqueles que contribuirão para a elevação do nível de conhecimento do povo brasileiro para que, finalmente, alcancemos nossa verdadeira libertação.

Referências bibliográficas

ABRIC, J. C. *Pratiques sociales et représentations*. Paris: PUF, 1994.

ARSAC, G. *Iniciation au raisonnement déductif au collège*. Presses Universitaires de Lyon, 1992.

BERTHELOT, R. & SALIN, M. H. Savoirs et connaissances dans l'enseignement de la géométrie in *Différents types de saviors et de leur articulation*. Grenoble: La Pensée Sauvage Editions, 1995. p. 191-210.

BKOUCHE, R.; CHARLOT, B.; ROUCHE, R. *Le plaisir du sens*. Paris: Armand Colin Éditeur, 1991.

BONNEVILLE, J. F.; COMITI, C.; GRENIER, D.; LAPIERRE, G. Une étude des représentations d'enseignants de mathématiques. *Actes du Séminaire de Didactique des Mathématiques et de l'Informatique*. Grenoble: LSD2-IMAG, 1991. p. 191-210.

CÂMARA, M. Efeitos da utilização do Cabri-géomètre no desenvolvimento do pensamento geométrico. *Anais do VIII Simpósio de Informática Educativa*. São Paulo, 1997.

______. Efeitos de uma sequência didática para a construção do conceito de perímetro no 2° ciclo do Ensino Fundamental. *Anais do XIV Encontro de Pesquisa Educacional do Nordeste: Avaliação Institucional*. GE 19, n. 11, 1999.

CIBOIS, P. *L'analyse factorielle*. Paris: PUF, col. Que sais-je? 1ère edition 1983, 1994.

COMITI, C. *Reflexões didáticas sobre o ensino da geometria*: notas de curso não publicadas. Carpina, 1999.

DOISE, W.; CLEMENCE, A.; LORENZI-CIOLDI, F. F. *Représentations sociales et analyses de données*. Grenoble: Presses Universitaires de Grenoble, 1992.

DOUADY, R. Jeux de cadres et dialectique outil-objet, in *Recherches en Didactique des Mathématiques*, v. 7, 2. Grenoble: La Pensée Sauvage, éditeur, 1986.

FENELON, J. P. *Qu'est-ce que l'analyse des données?* Paris: Lefonem, 1981.

FERREIRO, E. Jean Piaget: o homem e sua obra. In FERREIRO, E. *Atualidade de Jean Piaget*. Trad. Ernani Rosa. Porto Alegre: Artmed Editora, 2001, p. 101-143.

JODELET, D. *Les représentations sociales*. Paris: PUF, 1989.

LABORDE, C. & CAPONI, B. Cabri-géomètre constituant d'um milieu pour l'aprrentissage de la notion de figure géométrique. *Recherches en didactiques des mathématiques*. 14 (1) 165-210, 1994.

LORENZATTO, S. Porque não ensinar geometria? *A Educação Matemática em Revista*. Blumenau, SBEM, ano III, n. 4, 1995.

MAIA, L. *Les représentations des enseignants sur les mathématiques: l'exemple des pourcentages*. Mémoire de DEA en Sciences de l'Education, Université René Descartes, Paris V, 1993.

______. *Les représentations des mathématiques et de leur enseignement: exemple des pourcentages*. Tese de doutorado. Presses Universitaires du Septentrion: Lille, 1997. 342 pp.

MAIA, L. O ensino da geometria — analisando diferentes representações. *Educação Matemática em Revista*, ano 7, n. 8, 2000. p. 24-32.

MAIA, L. et al. O ensino da geometria: analisando diferentes representações. *Anais do XIV Encontro de Pesquisa Educacional do Nordeste*: Avaliação Institucional. Salvador: GE 19, 1999.

MOSCOVICI, S. *La psychanalyse, son image et son public*. Paris: PUF, 1976.

NIMIER, J. *Mathématique et affectivité*. Paris: Editions Stock, 1976.

PARÂMETROS CURRICULARES NACIONAIS. 2: Matemática. Secretaria de Educação Fundamental. Brasília: MEC/SEF, 1998.

PIMENTA, S. G. (org.) *Didática e formação de professores: percursos e perspectivas no Brasil e em Portugal*. São Paulo: Cortez, 1997.

PORTUGAIS, J. *Didactique des mathématiques et formation des enseignants*. Berne: Peter Lang, 1995.

ROBERT, A. & ROBINET, J. Représentations des enseignants de mathématiques sur les mathématiques et leur enseignement. *Cahier de Didirem*, 1. Paris: IREM, Université de Paris VII, 1989.

______. Représentations des enseignants et des élèves. *Repères*, 7, Paris: IREM, Université de Paris VII, 1992.

SCHUBRING, G.; GOLDSTEIN, C.; KAHANE, J. P.; BARBIN, E.; REVUZ, A. *Les mythes historiques, sociaux et culturels des mathématiques: leur impact sur l'éducation*. Paris: IREM, Université Paris VII, 1993.

VERGNAUD, G. *L'enfant, la mathématique et la réalité*. Berne: Francfort, M. Lang, 1981.

______. La théorie des champs conceptuels. In *Recherches en Didactiques des Mathématiques*, v. 10, n. 23, 1990. p. 133-170.

______. Le rôle de l'enseignant à la lumière des concepts de schème et de champ conceptuel. In *Vingt des didactiques des mathématiques*. Grenole: EDS: M. Artigue et Coll., La Pensée Sauvage Éditions, 1994. p. 177-191.

VERGNAUD, G. & LABORDE, C. L'apprentissage et l'enseignement des mathématiques. In VERGNAUD, G. (org.). *Apprentissages et didactiques où en est-on?*

Capítulo 2

O que pode influenciar a compreensão de conceitos: o caso dos números inteiros relativos*

*Rute Elizabete de Souza Rosa Borba***

Como professora de matemática de Ensino Médio por 10 anos, uma das minhas preocupações constantes era a de avaliar a compreensão que meus alunos tinham dos conceitos ensinados em sala de aula. Muitas vezes, eu tinha a impressão de que a maioria dos alunos demonstrava compreender o conceito sendo trabalhado ou, ao contrário, parecia que um grande número de alunos estava tendo dificuldades em entender determinado conceito. Como passar, então, destas impressões para uma maior certeza de que, de fato, o conceito havia sido compreendido ou que ainda estava em dúvida por um aluno ou por grupos de alunos? A partir da observação cuidadosa de produções individuais — tarefas ou testes realizados por

* Os estudos descritos e analisados neste capítulo fazem parte da tese de doutorado da autora, concluído na Oxford Brookes University, sob a orientação da Profa. Terezinha Nunes e financiado pela CAPES (Coordenação de Aperfeiçoamento de Pessoal de Nível Superior).

** rborba@ce.ufpe.br

cada aluno — podia-se verificar a incidência de erros em questões que envolviam certo conceito, mas nem sempre eu tinha uma maior clareza dos motivos das dificuldades demonstradas pelos alunos. A falta de um conhecimento mais aprofundado do que compõe conceitos e de quais aspectos deles mesmos estão sendo avaliados nas questões propostas aos alunos, dificultava a geração de hipóteses sobre os motivos dos erros dos alunos e de como as dificuldades demonstradas poderiam ser superadas.

Acredito que esta é uma realidade vivenciada por outros docentes: o professor se defronta com muitos questionamentos a respeito do desenvolvimento de conceitos por parte de seus alunos. Alguns destes questionamentos são: Como posso me certificar de que meus alunos estão compreendendo os conceitos trabalhados? Quais aspectos dos conceitos devo avaliar? Como devo trabalhar os conceitos de forma a oferecer aos meus alunos um contato amplo com os mesmos?

Para buscar responder a estas questões, é preciso ter um bom conhecimento do que constitui um conceito e de como este se desenvolve, para que se possa melhor avaliar uma compreensão e oferecer um eficiente plano de ensino. Sem um conhecimento mais aprofundado de como se dá o desenvolvimento conceitual, o professor corre o risco de fazer uma avaliação superficial do desempenho de seus alunos e fica muito limitado na sua mediação, ou seja, no auxílio que pode proporcionar para que seus alunos melhor compreendam os diversos conceitos sendo trabalhados em sala de aula.

Neste capítulo será discutido um modelo teórico-metodológico que se propõe a avaliar a compreensão de conceitos matemáticos e, para um melhor entendimento do modelo, será tomado como exemplo as estruturas aditivas[1] e mais especificamente a compreensão do número inteiro

1. Gerárd Vergnaud, psicólogo francês, tem defendido que os conceitos se desenvolvem dentro de *campos conceituais*. Nestes campos, os conceitos não se encontram isolados mas sim inter-relacionados. Desta forma, no ensino-aprendizagem de um conceito deve-se considerar as relações intrínsecas do mesmo com outros conceitos. O *campo conceitual das estruturas aditivas*, por exemplo, envolve diversos conceitos, tais como: adição, subtração, números naturais e números inteiros relativos, dentre outros. Outro campo conceitual seria o das *estruturas multiplicativas*, o qual envolve, dentre outros, os conceitos de multiplicação, divisão, número racional e seus diversos subconstrutos — fração ordinária, fração decimal, razão, proporção e porcentagem.

relativo. O exemplo escolhido é de um conceito que se trabalha formalmente no terceiro ciclo do Ensino Fundamental. Será mostrado neste capítulo que a compreensão de números positivos e negativos se inicia bem antes deste ciclo, a partir de experiências escolares e extraescolares, mas há dimensões desse conceito que, possivelmente, só se desenvolvem a partir do ensino na escola.

Defende-se, aqui, que a compreensão de um conceito é fortemente influenciada pelos *significados* envolvidos nas situações vivenciadas, pelas *propriedades* conceituais trabalhadas e pelas *representações simbólicas* utilizadas. Dessa forma, alunos podem demonstrar a compreensão de um conceito em certas situações, mas não em outras. Para certos significados, utilizando-se de propriedades específicas e representando o conceito por meio de algum sistema de símbolos, o aluno pode demonstrar compreensão de um conceito, mas, ao variar alguma dessas dimensões, o mesmo nível de compreensão pode não ser evidenciado.

O professor deve ter conhecimento das dimensões que constituem um conceito e de como variações dessas dimensões afetam sua compreensão. Deve-se, assim, trabalhar em sala de aula diversas variações das dimensões de um conceito, possibilitando aos alunos um amplo desenvolvimento conceitual. Esta variação vai além da diversificação de contextos — monetários, de deslocamento, de temperatura, dentre muitos outros — pois dentro de um mesmo contexto diferentes significados, propriedades e representações simbólicas podem se fazer presentes. Neste capítulo busca-se alertar professores sobre estas variações, sobre como elas podem afetar a compreensão de conceitos e de como diferentes significados, propriedades e representações devem fazer parte do processo de ensino formal de conceitos.

Uma teoria que busca explicar o desenvolvimento conceitual

Conforme discutido no capítulo anterior deste livro, de autoria de Lícia Maia, Vergnaud (1986, 1997) propõe que todo conceito é definido por três dimensões: 1) o conjunto de situações que dão significado ao conceito,

2) as propriedades do conceito, invariantes em todas as situações e 3) os sistemas de sinais utilizados para representar simbolicamente o conceito. Embora estas dimensões estejam intrinsecamente mescladas, para efeito de análise de conceitos e de organização do ensino dos mesmos, pode-se separar cada uma das dimensões e observar o seu efeito isolado, quando as outras duas se mantêm constantes. Este isolamento das dimensões permite ao professor identificar quais aspectos das três dimensões se desenvolvem mais facilmente por parte dos alunos. Saber quais aspectos são, ou não, facilmente compreendidos, possibilita ao professor uma ação mais dirigida: que leve em consideração o que seus alunos já sabem ao se iniciar uma unidade de ensino — que pode ser um primeiro contato ou uma retomada de contato com certo conceito — e que é voltada para a superação de dificuldades dos alunos.

Nos estudos relatados neste capítulo esta teoria foi utilizada para observar como o desempenho é afetado em função da variação de situações que envolvem um mesmo conceito. Desta forma, foram analisados isoladamente o efeito de cada uma das dimensões: 1) significados dados aos números inteiros relativos e a operações aditivas com este conceito, 2) propriedades aditivas dos inteiros relativos que se mantêm constantes nas diversas situações e 3) as representações que podem ser utilizadas na simbolização de números positivos e negativos e das operações de adição e subtração com estes números.

A seguir discutem-se significados, invariantes e representações simbólicas de números naturais e de números inteiros relativos.

Significados aditivos com números naturais

Diversos autores têm discutido que duas situações embora envolvam a mesma operação aritmética (3 + 4), por exemplo, podem envolver significados diferentes. Esta operação pode, por exemplo, representar a *combinação* de três laranjas e quatro maçãs para se saber quantas frutas há ao todo em uma cesta. O mesmo significado — o de combinar quantidades — pode estar presente em uma infinidade de contextos: a combinação de três meninos e quatro meninas para se saber quantas crianças há ao todo, a combinação de três moedas em um bolso e quatro moedas em um outro bolso para se saber quantas moedas se tem ao todo etc. Um significado diferente, porém, estaria presente em contextos nos quais 3 + 4 representasse a quantidade inicial três, acrescida de quatro. Este significado — uma *mudança de quantidade* — é o mesmo em diversos contextos: ter três frutas e comprar-se mais quatro frutas, ter três crianças em uma sala e chegarem mais quatro, ter três moedas e ganhar-se mais quatro moedas etc. Ainda outros significados — além de combinação e mudança de quantidades — podem ser dados a esta mesma operação aritmética (3 + 4).

Classificações de problemas aditivos — que envolvem adição e subtração — evidenciam que uma mesma operação do ponto de vista matemático pode ter diferentes significados do ponto de vista psicológico. Carpenter e Moser (1982) e Vergnaud (1986) são alguns dos autores que desenvolveram classificações de problemas aditivos, e uma maior discussão sobre problemas de adição e subtração encontra-se no capítulo que segue neste livro, escrito por Ana Selva. Para estes autores, embora dois problemas possam ser resolvidos pela mesma operação matemática, pode haver diferenças relacionais nos problemas e estas diferenças afetam o desempenho de alunos na resolução de cada um dos problemas.

Estudos têm observado que o desempenho de alunos é afetado pelos significados dados às operações, mesmo que a conta que tenham que efetuar seja a mesma ou muito semelhante. Evidencia-se nestes estudos que o raciocínio exigido em um problema pode variar de acordo com os significados envolvidos e que o entendimento das relações implícitas em um problema nem sempre é facilmente alcançado. Deve-se, assim, distinguir claramente as dificuldades que os alunos têm em identificar operações adequadas à resolução de um problema e as dificuldades que podem apresentar ao efetuar as operações aritméticas.[2]

---

2. Vergnaud (1986) distingue dois tipos de cálculos envolvidos na resolução de problemas: *cálculo relacional* e *cálculo numérico*. Por exemplo, para a resolução do problema "Cristina tinha algumas bonecas em sua coleção. Seus pais lhe deram mais 3 bonecas e, então, ela ficou com 25 bonecas ao todo. Quantas bonecas Cristina possuía antes?", é preciso definir uma operação aritmética adequada para a resolução do problema e depois executar corretamente esta operação para se ter sucesso na

Borba e Santos (1997a), dentre outros autores, observaram que os significados dados às operações de adição e subtração fortemente influenciam o desempenho de alunos, mesmo aqueles que já possuem três ou mais anos de escolarização. Borba e Santos aplicaram um teste com alunos de 3ª série e observaram que, para um mesmo nível de dificuldade de contas, alguns tipos de problemas eram mais facilmente resolvidos que outros. O problema "Marília e Mércia têm juntas 34 ursos de pelúcia. Marília tem 18 ursos. Quantos ursos Mércia tem?" foi mais facilmente resolvido que o problema "Bruno tinha 34 carrinhos. Ele ganhou alguns de seu irmão. Ele tem agora 53 carrinhos. Quantos carrinhos ele ganhou?". Ambos os problemas podiam ser resolvidos por subtrações bem semelhantes (34 – 18 e 53 – 34, respectivamente) e o mesmo percentual de alunos (12%) errou estes dois problemas ao efetuar as contas necessárias. Os alunos que erraram estas contas ainda possuíam dificuldades em compreender a subtração com reserva. Embora as contas a serem efetuadas sejam semelhantes, os significados das operações envolvidas são diferentes. No primeiro problema o significado aditivo em questão é uma *combinação de quantidades*. Neste problema solicita-se que se determine uma de duas partes combinadas, conhecendo-se o todo e a outra parte. No segundo problema o significado envolvido é o de uma *mudança de quantidades*. Neste problema conhecem-se os valores inicial e final e solicita-se que se determine a quantidade acrescida. A dificuldade em escolher uma operação adequada

---

determinação da resposta do problema. O *cálculo relacional* refere-se à análise das relações implícitas no problema e a escolha de uma estratégia para a sua resolução. No caso do problema citado aqui é preciso analisar-se que um valor inicial é desconhecido e que a partir da transformação dada e do valor final conhecido alguma operação deve ser realizada. Para um problema não há uma única operação adequada pois uma criança poderia resolver por subtração (25 – 3 = ?) este problema citado e outra criança poderia resolvê-lo por tentativa e erro (? + 3 = 25) e ambas serem bem-sucedidas em encontrar a resposta correta do problema. O *cálculo numérico* refere-se aos algoritmos convencionais ou heurísticas individuais efetuados após a definição de qual estratégia de resolução será executada. Assim, uma criança poderia claramente identificar a subtração como sendo uma operação adequada para a resolução deste problema (e, assim, efetuar um cálculo relacional correto) mas errar ao subtrair 3 de 25 (efetuando, dessa forma, um incorreto cálculo numérico). O inverso também poderia ocorrer: uma criança poderia tentar resolver este problema adicionando-se 3 a 25 (efetuando um incorreto cálculo relacional) e obter 28 como resposta (efetuando um cálculo numérico correto, embora inadequado para a situação colocada).

para a resolução do problema foi bem maior para o segundo problema. No primeiro problema 35% dos alunos erraram na escolha da operação. No segundo problema um percentual bem mais elevado de alunos, 53%, foi incapaz de identificar uma forma adequada de resolver o problema. Assim, observou-se que mais alunos perceberam a subtração como uma operação válida para se determinar uma das subpartes de um todo do que perceberam que com esta mesma operação é possivel se determinar de quanto um valor inicial foi acrescido, conhecendo-se também o valor final. Os resultados deste estudo confirmam o que já foi observado por outros autores: há significados das operações de adição e subtração que são mais facilmente entendidos que outros.

Significados aditivos com números inteiros relativos

Números inteiros, à semelhança de números naturais, podem ter diferentes significados. Alguns destes significados são: *medida*, *transformação* e *relação*. Estes diferentes significados estão presentes em diversos contextos nos quais o número inteiro relativo se faz presente, tais como saldos bancários, saldos de jogos, localizações, medidas de temperatura, de altitude e de níveis de líquidos em recipientes, dentre diversos outros.

Num contexto monetário, por exemplo, pode-se afirmar que se alguém tem R$ 5,00 na sua conta no banco e retira R$ 7,00, o seu saldo no final será um saldo devedor de R$ 2,00. Semelhantemente, num contexto de temperaturas, seria possível afirmar que se a temperatura de uma cidade era 5 graus acima de zero e houve uma queda de 7 graus, a temperatura final é de 2 graus abaixo de zero. Nos dois contextos o 5 inicial — reais possuídos e temperatura acima de zero — é uma *medida positiva*. O 2 final — saldo devedor e temperatura abaixo de zero — é uma *medida negativa*. O valor intermediário — R$ 7,00 retirados e queda de 7 graus — é uma *transformação negativa*. Exemplos de *transformações positivas* nos dois contextos seriam, respectivamente, um depósito de R$ 7,00 e uma subida de 7 graus. A partir de uma *transformação positiva* de valor 7 sobre uma *medida positiva inicial* de valor 5, as *medidas finais* seriam *positivas*: R$ 12,00 e 12 graus acima de zero, para os dois contextos, respectivamente.

Para estes mesmos contextos — monetário e de temperatura — outro significado pode ser dado: o de número inteiro relativo enquanto *relação*. Se alguém deposita R$ 7,00 (uma *transformação positiva*) ou a temperatura de uma cidade sobe 7 graus (também uma *transformação positiva*), independentemente do estado inicial — se a pessoa possuía ou devia dinheiro ou se a temperatura da cidade estava acima ou abaixo de zero — tem-se uma *relação positiva de 7*. Isto quer dizer que a pessoa possui no final R$ 7,00 a mais do que possuía antes ou a temperatura da cidade no final é 7 graus maior do que a inicial. Para uma *transformação negativa* — uma retirada de R$ 7,00 ou uma queda de temperatura de 7 graus — resulta uma *relação negativa* — R$ 7,00 a menos ou 7 graus a menos.

Nos diversos contextos, números positivos e negativos podem ser representados pelos mesmos valores, mas podem possuir significados diferentes. Assim, –7 pode representar uma *medida negativa* (dinheiro devido, temperatura abaixo de zero, uma medida abaixo do nível do mar, um saldo devedor num campeonato etc.), uma *transformação negativa* (dinheiro retirado ou gasto, queda de temperatura, queda do nível de água num reservatório, pontos perdidos num jogo etc.) ou ainda uma *relação negativa* (dinheiro, temperatura, água ou pontos 'a menos' do que uma medida inicial). Semelhantemente, +7 pode representar uma *medida positiva* (dinheiro possuído, temperatura acima de zero, uma medida acima do nível do mar, um saldo credor em um campeonato etc.), uma *transformação positiva* (dinheiro depositado ou ganho, subida de temperatura, subida do nível de água em um reservatório, pontos ganhos em um jogo etc.) ou uma *relação positiva* (dinheiro, temperatura, água ou pontos 'a mais' do que uma medida inicial). Assim, ter um saldo de R$ 7,00, ganhar R$ 7,00 ou ter R$ 7,00 a mais do que se tinha antes podem ser matematicamente representados pelo mesmo símbolo (+7) mas cognitivamente envolvem diferentes significados, quais sejam, uma *medida positiva* de 7, uma *transformação positiva* de 7 ou uma *relação positiva* de mais 7.

Embora números negativos sejam trabalhados formalmente na escola a partir do terceiro ciclo do Ensino Fundamental — em geral a partir da 6ª série[3] — alguns dos significados destes números são trabalhados em problemas muito antes de sua introdução formal. Os significados de *transformação negativa* — decrescer uma quantidade inicial — e de *relação negativa* — ter menos do que uma quantidade inicial — estão presentes em muitos problemas aditivos trabalhados nas séries iniciais do Ensino Fundamental. Dessa forma, embora não se utilize, necessariamente, nas séries iniciais a simbologia matemática formal para representar números negativos (o sinal '–'), desde cedo significados dados aos números relativos estão presentes nos problemas trabalhados na escola. Os problemas a seguir, por exemplo, envolvem números relativos, embora não se precise tratá-los como tais na sua resolução nas séries iniciais do Ensino Fundamental:

"João tinha 13 carrinhos em sua coleção. Ele deu 2 carrinhos ao seu amigo. Com quantos carrinhos João ficou?";

"Mônica tem 8 revistinhas a menos que sua amiga Laís. Se Laís tem 12 revistinhas, quantas revistinhas Mônica tem?".

No primeiro problema, os dois carrinhos dados por João podem ser representados matematicamente por (–2) — uma *transformação* negativa — e as oito revistinhas a menos que Mônica possui podem ser representadas por (–8) — uma *relação* negativa. Assim, João ficou no final com 11 carrinhos (resultado das operações 13 - 2 ou 13 + (–2)) e Mônica tem 4 revistinhas (resultado de 12 – 8 ou x –12 = (–8), sendo x –12 a comparação entre as revistinhas possuídas por Mônica e as possuídas por sua amiga Laís). Nos dois problemas, uma solução envolve apenas números naturais e a outra envolve números inteiros relativos. É aceitável que nas séries iniciais problemas como estes sejam tratados pelos alunos como envolvendo exclusivamente números naturais, mas o professor deve ter consciência que números inteiros relativos estão envolvidos.

---

3. Pela nomenclatura adotada pelo MEC, atualmente esta série é denominada de 7º ano. (N. da R.)

Invariantes das operações aditivas

Para os diferentes significados que um conceito pode ter, há propriedades do mesmo que se mantêm constantes. A adição de dois números negativos, por exemplo, sempre resulta em um número negativo que é menor que qualquer um dos números adicionados. Esta é uma propriedade invariante da adição de negativos que se mantém para qualquer significado (medida, transformação ou relação) dado aos números sendo adicionados.

Nunes e Bryant (1997) defendem que a dificuldade de entender um determinado invariante pode estar relacionado ao número de operações mentais e à coordenação das operações mentais necessárias ao entendimento daquela propriedade. Assim, entender um problema de transformação no qual o valor final é desconhecido é bem mais fácil que entender um problema deste tipo no qual o valor inicial é desconhecido. Determinar quantas bolas são possuídas se inicialmente se tem sete bolas e perde-se quatro bolas é mais fácil que determinar quantas se tinha inicialmente após perder quatro bolas e ficar com apenas três. Não se pode dizer que a dificuldade maior da segunda situação está na operação aritmética envolvida, pois a primeira situação, cognitivamente mais fácil, envolve uma operação aritmética — a subtração — que traz mais dificuldades e a segunda situação envolve a adição, mas exige maior número de operações mentais.

Assim, determinar um valor inicial desconhecido é mais difícil que determinar um valor final desconhecido, pois tem-se que coordenar mais operações mentais. Para se determinar um valor final desconhecido basta agir sobre o valor inicial aplicando-lhe a transformação determinada. No exemplo citado anteriormente, uma ação direta — retirar quatro bolas das sete possuídas inicialmente — é suficiente para se determinar o valor final desconhecido — as três bolas com as quais se fica no final. Já no caso do valor inicial desconhecido exige-se mais do que uma ação direta, pois não se tem um valor sobre o qual se possa agir diretamente. Uma das formas de resolver um problema de valor inicial desconhecido, é inverter as ações sugeridas no enunciado do problema. Dessa forma, na situação inversa proposta anteriormente, adicionar-se-iam as quatro bolas retiradas às três bolas com as quais se ficou no final para se saber que no início sete bolas eram possuídas. Essa inversão é uma operação mental a mais — e não mencionada no enunciado do problema — e, desta forma, problemas inversos são mais complexos que problemas diretos que não exigem inversão de operações.

Se diferentes propriedades são tratadas com maior ou menor nível de dificuldade pelos alunos quando se estudam as operações aritméticas com números naturais, o mesmo se aplica ao estudo dos números inteiros relativos. Maiores dificuldades ainda podem surgir com os inteiros relativos uma vez que na representação convencional utiliza-se um mesmo sinal (o sinal de 'menos' (–)) para se representar tanto a operação de subtração quanto o sinal negativo de um número, bem como para simbolizar uma inversão (já que –(–3) pode representar, por exemplo, o inverso de –3, ou seja, +3).

Representações simbólicas dos números relativos

Números podem ser representados por meio de diferentes sistemas simbólicos. Números inteiros relativos, em particular, possuem formas convencionais e não convencionais de serem representados. Ao se referir a um número negativo pode-se usar linguagem falada ou escrita: "uma perda de R$ 20,00", "um débito de R$ 20,00", "R$ 20,00 menos que ontem", "um decréscimo de 20 graus", "20 graus abaixo de zero" e "20 graus a menos que o mês passado", dentre várias outras possibilidades. Por escrito pode-se também representar estas situações descritas anteriormente por –20 ou usando uma cor para representar +20 e outra para representar –20. Utilizando manipulativos, certos materiais podem ser usados para representar números positivos e outros materiais para representar números negativos ou pode-se usar o mesmo material, mas com algum elemento diferenciador — tamanho ou cor, por exemplo — para discriminar entre valores positivos e negativos.

As diferentes formas de simbolizar números e operações podem variar na explicitação dos significados representados. Assim, numa representação oral há uma necessidade menor de se explicitar na fala a diferença entre números positivos e negativos e entre os sinais dos números e as operações aritméticas utilizadas para a resolução de problemas. Numa representação oral pode-se implicitamente lidar com estas diferenças e no final definir se o resultado é positivo ou negativo. Por exemplo, se se deseja determinar qual a dívida total de alguém que gastou R$ 15,00 com um livro e R$ 3,00 com uma caneta, pode-se afirmar: "15 mais 3 são 18. Devem-se R$ 18,00". Nesta afirmativa omitiu-se, ou se deixou *implícito*, que 15 e 3 são números negativos, mas na resposta final evidencia-se que os mesmos estavam sendo tratados como de mesma natureza, ou seja, negativos. Já numa representação escrita deve-se de alguma forma deixar *explícita* a diferença entre sinais de números e entre operações aritméticas a serem efetuadas. Na representação convencional, por exemplo, a situação descrita anteriormente seria representada como $(-15) + (-3) = (-18)$. Os sinais dos números e da operação aritmética envolvida foram nesta expressão explicitamente representados. O grau de dificuldade de um problema pode estar relacionado à necessidade de se ter que explicitar significados dados a sinais de números e a explicitamente ter que diferenciar estes sinais e as operações aritméticas necessárias à resolução do problema.

Formas de avaliar a compreensão de números inteiros

Na pesquisa descrita neste capítulo buscaram-se evidências de que a compreensão de um conceito é influenciada pelos significados dados, pelas propriedades sendo tratadas e pelas representações simbólicas sendo utilizadas ao se raciocinar sobre o conceito em questão. Sugere-se que, da mesma forma feita neste estudo, o professor busque evidências — nos textos por ele estudados, nas sondagens de conhecimento efetuadas com seus alunos e no plano de ensino proposto e executado — do que influencia a compreensão do conceito a ser trabalhado em sala de aula.

Conhecer melhor as dimensões do conceito de mais difícil compreensão por parte dos alunos (seja algum significado, alguma propriedade ou alguma forma de representação específica), auxilia o planejamento de ensino do professor: pode-se iniciar a partir dos significados, propriedades e representações que seus alunos já conhecem e mediar um aprofundamento do conhecimento em outros aspectos do conceito ainda não bem compreendidos.

Nesta pesquisa utilizou-se uma *triangulação* na busca de evidências das dimensões que afetam a compreensão de conceitos, ou seja, buscou-se olhar o fenômeno sob diferentes perspectivas. Observou-se o que estudos anteriores afirmavam sobre a compreensão do conceito de número inteiro relativo, examinou-se o que os alunos já compreendiam sobre este conceito antes do ensino formal e experimentou-se uma forma de ensino para a superação das dificuldades observadas. Este *olhar tríplice* possibilitou um melhor entendimento de como a compreensão do conceito de número inteiro relativo se desenvolve.

Revendo o que estudos anteriores observaram sobre a compreensão do conceito de número inteiro relativo

Ao se observar o que estudos anteriores afirmam sobre a compreensão de um conceito, deve-se examinar cuidadosamente quais aspectos do conceito foram enfocados nestas investigações. Não se pode concluir que a compreensão de um conceito é determinada apenas por faixa etária ou prioritariamente por experiências vivenciadas anteriormente, mas deve-se olhar o conjunto dos aspectos que influenciam o desenvolvimento conceitual.

O exame superficial de estudos sobre a compreensão do número inteiro relativo, por exemplo, poderia conduzir a conclusões bem contraditórias. Alguns destes estudos (como Davidson, 1987 e Davis, 1984 e 1990) concluíram que crianças bem novas — algumas com apenas quatro anos de idade — já compreendem o conceito de número inteiro relativo. Porém, outros estudos (Gallardo e Rojano, 1990, 1992; Küchemann, 1981 e Peled, 1991 — dentre muitos outros) concluíram que o conceito de inteiro relativo é muito complexo e que adolescentes de 15 anos, ou mais, ainda têm muitas dificuldades em lidarem com este conceito na escola. Estes resultados parecem incoerentes, como se fosse possível que crianças já compreendessem um conceito e com o passar do tempo não fossem mais dando evidências desta compreensão. Além da faixa etária, seria possível examinar a experiência dos participantes destes estudos em busca de explicações do que pode ter influenciado a sua compreensão do conceito de inteiro relativo. Os participantes dos estudos anteriores eram crianças, adolescentes e adultos com diferentes experiências de vida. Estas experiências anteriores — escolares e extraescolares — entretanto, não são suficientes para explicar o que influenciou o desenvolvimento deste conceito por parte dos envolvidos nestes estudos.

A seguir tem-se uma análise que buscou evidências de que para uma mesma faixa etária e para um grupo que tenha passado por experiências escolares e extraescolares semelhantes, outros fatores — além de idade e experiências anteriores — podem influenciar a compreensão de conceitos.

Os estudos anteriores descritos e analisados a seguir evidenciam o que já se sabe sobre o desenvolvimento da compreensão de número inteiro relativo e foram utilizados como base na determinação do que seria investigado na pesquisa descrita neste capítulo.

O que estudos anteriores mostram sobre o papel de significados na compreensão do conceito de inteiro relativo

Murray (1985) observou como alunos de 10 a 14 anos de idade lidavam com expressões numéricas que envolviam números negativos, antes de serem introduzidos a este conceito na escola. Foi observado que alguns destes alunos, das diferentes faixas etárias, foram capazes de resolver expressões numéricas que envolviam a adição e subtração de números positivos e negativos mesmo sem terem sido instruídos sobre estas operações. Para estes alunos somar (–2) com (–3) resultava em (–5) à semelhança da conhecida operação 2 + 3 = 5. De forma similar, (–5) – (–3) resultava em (–2), assim como 5 – 3 = 2.

As explicações dadas pelos alunos no estudo de Murray (1985), que acertavam as operações propostas evidenciam que eles não estavam acertando por acaso, mas que estavam utilizando um raciocínio correto de que, à semelhança de *medidas positivas*, também existem *medidas negativas*. Assim, números negativos eram tratados similarmente aos números positivos e os alunos afirmavam que quantidades negativas eram aquelas que faltavam para se chegar ao zero.

Outro estudo que evidencia a compreensão do número inteiro relativo enquanto *medida*, antes da introdução formal ao conceito, é o de Davidson (1987). Neste estudo crianças de 4 a 7 anos de idade eram solicitadas a combinarem números positivos e negativos em dois jogos: o do carteiro e o do hipopótamo. No jogo do carteiro os números positivos e negativos eram tratados como movimentos em sentidos opostos em uma rua na qual as casas eram numeradas de (–4) a (+4). As crianças tinham como objetivo encontrar os endereços para os quais o carteiro deveria entregar cartas, de acordo com instruções dadas em cartões que indicavam a direção e o número de passos a serem dados ao longo das casas. Cerca de 40% das crianças, de todas as faixas etárias, foram capazes de encontrar corretamente as medidas solicitadas no estudo de Davidson. O erro mais comum das crianças era o de não considerar o zero como uma posição válida e assim pulavam esta casa ao tentarem localizar os endereços nos quais as cartas deveriam ser entregues. Na tarefa do hipopótamo, números positivos e negativos eram representados por ações de acréscimo ou decréscimo de porções de comida a serem dadas a um hipopótamo. As crianças determinavam o número de porções que o hipopótamo possuía ou devia. Davidson afirmou que cerca de 30% das crianças mais novas e mais de 50% das mais velhas foram capazes de determinar corretamente as *medidas* desejadas.

Os estudos até aqui revistos sugerem que alunos bem antes de serem introduzidos ao conceito de número inteiro relativo podem compreender o significado de inteiro enquanto *medida*. Esta compreensão do inteiro enquanto medida se dava entre diferentes faixas etárias e em situações não formais (jogos) e formais (expressões numéricas convencionais). Outros estudos evidenciam que a compreensão de inteiro enquanto *relação* leva muito mais tempo para se desenvolver.

Bell (1980) realizou um estudo com 180 estudantes que tinham entre 7 a 13 anos de idade. Os alunos respondiam a questões sobre duas tarefas — a da reta e a do relógio. Na tarefa da reta os alunos combinavam movimentos que resultavam numa posição em uma reta. Uma casa era situada no centro de uma reta, um lago posicionava-se à esquerda da casa e uma floresta à direita da casa. Os pontos à esquerda da casa eram marcados como 1L, 2L, 3L etc. Os da direita da casa eram marcados 1F, 2F, 3F e sucessivamente, à medida que se afastavam da casa. Os alunos eram solicitados a determinarem posições na reta, de acordo com instruções dadas que combinavam três movimentos. Os alunos, por exemplo, determinavam a posição que resultava em andar três milhas na direção da floresta, uma milha na direção do lago e mais uma milha na direção do lago. Nesta tarefa os alunos lidavam com o conceito de relativo enquanto *medida*. Na tarefa do relógio o inteiro era tratado como *relação*. Não havia na tarefa do relógio nenhum ponto inicial fixo e a partir de um ponto qualquer, escolhido pelos alunos dentre os marcados no relógio, deviam combinar três movimentos horários (considerados positivos) ou anti-horários (considerados negativos) e determinar a posição relativa após os três movimentos. Se, por exemplo, os alunos fossem solicitados a combinarem o movimento de três unidades horárias com uma unidade anti-horária e mais uma unidade anti-horária, a conclusão deveria ser que no final estava a uma unidade no sentido horário em relação à posição iniciada, qualquer que fosse essa posição selecionada.

Observou-se no estudo de Bell (1980) que o desempenho dos alunos variou nas duas tarefas propostas. Considerou-se como um bom desempenho aquele do aluno que acertou 70% ou mais das 40 questões propostas (20 na tarefa da reta e 20 na do relógio). Na tarefa da reta, observou-se que o percentual de alunos que tiveram um bom desempenho foi de 71% entre os alunos de 7 e 8 anos, 81% entre os de 9 e 10 anos, 90% entre os de 11 e 12 anos e 100% entre os de 12 e 13 anos. Já na tarefa do relógio o bom desempenho por idade foi, respectivamente: 17%, 35%, 56%, 44%, 48% e

88%. Assim, apenas os alunos de 13 anos foram capazes de um bom desempenho na tarefa de inteiros relativos enquanto *relação*.

O estudo de Bell (1980) apresenta fortes evidências de que o significado dado a um conceito — no caso o de número inteiro relativo — afeta significativamente a resolução de problemas envolvendo aquele conceito. Porém, uma possível explicação para o mais fraco desempenho na tarefa do relógio poderia ser o fato de que nesta tarefa se exigia uma memória maior do que na tarefa da reta (na qual a origem era fixa), uma vez que o aluno determinava uma origem qualquer dentre os pontos marcados no relógio e precisava se lembrar do ponto no qual havia iniciado.

Para se ter uma evidência ainda mais forte do efeito de significados no desempenho, a pesquisa descrita e analisada neste capítulo buscou confirmar este resultado — de que compreender o inteiro enquanto medida é mais fácil que entendê-lo enquanto relação — ao se propor a comparação de desempenho em duas tarefas nas quais a memória requerida foi controlada. O detalhamento deste estudo será descrito na seção que descreve como foi sondada a compreensão de diferentes significados dados ao conceito de inteiro relativo.

O que se sabe sobre o papel de invariantes na compreensão do conceito de inteiro relativo

Marthe (1979) investigou como 461 alunos de 11 a 15 anos resolviam problemas aditivos que envolviam números inteiros relativos. Os alunos resolviam problemas do tipo $a + x = c$, nos quais a, x e c eram números inteiros. Para a maioria dos alunos desta faixa etária, resolver este problema, que exige mais que a ação direta sobre uma quantidade inicial (já que se desconhece a transformação x, que deve ser efetuada sobre o valor inicial a), não era difícil quando apenas números positivos eram envolvidos. O percentual de acertos foi de 100% entre os alunos de 11 a 12 anos, de 89% entre os de 12 e 13 anos, 95% entre os de 13 e 14 anos e 100% entre os de 14 e 15 anos. Quando, porém, os problemas envolviam a inversão de números negativos — quando o valor inicial e final conhecidos eram negativos — os percentuais de acertos caíram significativamente: 35%, 55%, 71% e 60%, para as respectivas faixas etárias.

Observou-se que problemas não diretos, como os sugeridos por Marthe (1979), quando envolvem números negativos, exigem operações mentais bem mais elaboradas e nem sempre facilmente realizadas por estudantes, até os de 15 anos inclusive.

A pesquisa descrita e analisada neste capítulo buscou confirmar que lidar com problemas inversos com inteiros relativos envolve uma complexa operação mental. O estudo que será descrito a seguir (na seção que trata da sondagem de invariantes de números inteiros compreendidas) investigou se as propriedades envolvidas em problemas diretos (valor final desconhecido) e inversos (valor inicial desconhecido) que envolvem números positivos e negativos podem ser entendidas por alunos bem antes de serem introduzidos formalmente na escola ao conceito de número inteiro relativo.

O que os estudos anteriores evidenciam sobre o papel das representações simbólicas na compreensão de conceitos

Carraher, Schliemann e Carraher (1988) observaram que para o mesmo nível de dificuldade de operação pode-se ter níveis de desempenho variados, de acordo com a forma de representação utilizada. Em três situações — compra simulada, problemas contextualizados e expressões numéricas — testou-se a habilidade de resolver problemas oralmente e por escrito. Carraher e colaboradores apresentam muitos exemplos de crianças e adultos que eram bem-sucedidos em resolver problemas oralmente, mas que não tinham o mesmo nível de sucesso quando solicitados a resolverem, por escrito, problemas que envolviam a mesma operação aritmética. Este sucesso na resolução oral e dificuldades na resolução escrita eram observados nas três situações de teste, ou seja, quando se simulava uma compra, quando se resolvia um problema contextualizado ou quando se determinava o resultado de expressões numéricas. Concluiu-se, então, que as diferenças de desempenho na resolução oral e na resolução por escrito relacionavam-se ao sistema de sinais utilizados já que não podiam ser explicadas por diferenças individuais, uma vez que aos mesmos participantes estavam respondendo aos mesmos problemas oralmente e por meio de representação escrita e, assim, as diferenças de desempenho não podiam ser justificadas pelo nível de entendimento das situações por parte dos participantes do estudo.

Nunes (1992, 1993) realizou dois estudos que investigaram o efeito de representações simbólicas na resolução de problemas com números inteiros relativos utilizando-se o sistema convencional de sinais. Neste sistema, a operação de adição e os números positivos são representados pelo sinal (+) e a operação de subtração e os números negativos são representados pelo sinal (–). Nunes investigou se a resolução de problemas era afetada pelo uso de diferentes representações simbólicas.

A hipótese testada por Nunes (1992, 1993) era a de que alguns dos erros cometidos ao se lidar com números negativos deviam-se não à falta de compreensão das operações com números positivos e negativos, mas resultavam da mudança dos significados dados aos sinais 'mais' e 'menos'. Quando os estudantes foram inicialmente introduzidos a estes sinais os mesmos representavam operações aritméticas e quando números relativos são envolvidos, novos significados são dados aos sinais 'mais' e 'menos'.

Participaram do primeiro estudo descrito por Nunes (1992, 1993) 72 estudantes adultos divididos em três séries — uma série anterior ao ensino formal de inteiros, a série na qual o estudo de inteiros relativos foi iniciado e uma série posterior a esta introdução formal ao conceito. Metade dos alunos resolviam os problemas oralmente e metade por meio de representação escrita. Observou-se que os alunos que resolveram os problemas oralmente apresentaram um desempenho muito melhor do que aqueles que tiveram que escrever os números e depois resolver as situações-problema propostas. A maioria dos erros cometidos resultava da atribuição dos alunos exclusivamente de operação de subtração ao sinal 'menos'. Os alunos não se utilizavam deste sinal para também representar números negativos. Confirmou-se assim a hipótese de Nunes:

a maior parte dos erros resultava da mudança de significados dados aos sinais "mais" e "menos".

No segundo estudo, Nunes (1992, 1993) tentou fazer claro aos alunos os diferentes significados dados ao sinal 'menos'. Os diferentes significados foram explicitados aos alunos e os resultados deste segundo estudo mostraram que os alunos desempenharam semelhantemente na condição oral e na escrita. Uma vez que os diferentes significados do sinal "menos" foram explicitados, os alunos utilizaram o que compreendiam na condição oral quando tinham que escrever os números. Os alunos não tiveram que aprender a lidar com números relativos, pois evidenciaram que oralmente já possuíam este conhecimento. O novo conhecimento introduzido foi o de que um mesmo sinal ora representava uma operação aritmética, ora representava o sinal de um número. As dificuldades sentidas pelos alunos eram prioritariamente de ordem representacional e nem sempre relacionadas à compreensão do significado de números relativos.

Como nos dois estudos de Nunes (1992, 1993) investigou-se como alunos resolviam problemas com inteiros relativos oralmente ou por meio do uso do sistema convencional de sinais, ainda precisava ser investigado se dificuldades representacionais estariam presentes mesmo quando os sinais convencionais ("mais" e "menos") não fossem utilizados. Pode-se, com base nas evidências apresentadas por Nunes, concluir que há dificuldades dos alunos ao lidarem com números relativos, pois os mesmos não compreendem, ainda, que um mesmo sinal pode ter diferentes significados. Ficava ainda a necessidade de identificar outras dificuldades, não necessariamente relacionadas ao uso dos sinais "+" e "–", um dos objetivos da pesquisa relatada neste capítulo.

Estudos sobre o conhecimento de inteiros relativos por parte de crianças bem antes da introdução formal a este conceito

Neste capítulo será descrita, a seguir, uma pesquisa composta de três estudos realizados com alunos muito antes de serem introduzidos ao ensino formal de números inteiros relativos. Como a grande maioria destes alunos desconhecia o sistema convencional de sinais para representar números positivos e negativos, foi possível investigar o que eles já conheciam deste conceito e a natureza das dificuldades por eles demonstradas. Foi também possível investigar se as dificuldades representacionais ao se resolver problemas com inteiros relativos estão relacionadas à necessidade de se fazer explícitas as diferenças entre os sinais dos números e entre as operações aritméticas utilizadas para a resolução das questões.

O primeiro estudo, descrito a seguir, trata-se de uma sondagem inicial da compreensão de significados, de propriedades e de representações simbólicas por parte de alunos ainda não introduzidos formalmente ao conceito de número inteiro relativo. O segundo e terceiro estudos descritos, que seguem, são intervenções propostas com o objetivo de superar as dificuldades observadas no primeiro estudo. Por meio destas intervenções objetivava-se, também, confirmar quais dimensões do conceito de inteiro relativo são de maior dificuldade de compreensão, para que se pudesse identificar quais aspectos devem ser tratados com especial atenção na sala de aula ao se ensinar o conceito de número inteiro relativo.

Estudo 1: Sondando a compreensão das diferentes dimensões de um conceito

Um primeiro estudo foi proposto (Borba, 2002a)[4] com os objetivos de investigar o que alunos já conheciam sobre inteiros relativos antes da introdução formal a este conceito, como sugerido por diversos estudos anteriores, e de examinar conjunta e sistematicamente a influência de significados, de invariantes e de representações na compreensão deste conceito. A proposta deste primeiro estudo foi a de confirmar resultados encontrados isoladamente em estudos anteriores. Algumas pesquisas anteriores haviam enfocado o papel de significados, outras a influência de invarian-

---

4. Este estudo também está descrito em Borba e Nunes (2000 e 2004), Borba (2002b e 2003) e nas páginas 175 a 180 do livro *Introdução à educação matemática*, publicado em 2002 e de autoria de Terezinha Nunes, Tania Campos, Sandra Magina e Peter Bryant.

tes e ainda outras haviam observado como representações simbólicas influenciavam a compreensão do conceito de número inteiro relativo.

O que se propôs, e será descrito a seguir, foi um estudo que envolveu as três dimensões propostas por Vergnaud (1986, 1997) e, desta forma, pode ser observado o efeito dos *significados* dados a números positivos e negativos e às operações de adição e subtração com estes números, das *propriedades* destes números que não variam com diferentes significados e representações, e das *formas de representar simbolicamente* este conceito no raciocínio de alunos ao resolverem problemas com inteiros relativos.

Participaram do estudo 60 alunos de sete e oito anos de idade de uma escola pública de Londres.[5] Estes alunos não haviam recebido ainda na escola nenhuma instrução formal sobre o conceito de inteiro relativo. Eles só iniciariam o estudo deste conceito quatro a cinco anos depois. Os alunos foram aleatoriamente distribuídos em quatro grupos, que lidavam com diferentes significados dados aos números inteiros e que eram incentivados a utilizar diferentes formas de representação simbólica, conforme se pode observar no Quadro 1.

QUADRO 1
Os grupos do primeiro estudo

Significado de número inteiro envolvido nos problemas	Forma de representação simbólica utilizada	
	Implícita (oral)	Explícita (por escrito ou uso de manipulativos)
Medida	G1	G2
Relação	G3	G4

5. Embora este estudo tenha sido realizado com crianças inglesas, há evidências em estudos anteriores (Borba e Santos, 1997b) e posteriores (Moretti e Borba, 2003) que alunos brasileiros também possuem conhecimentos sobre inteiros relativos antes de serem introduzidos formalmente a este conceito na escola. O estudo aqui descrito não foi ainda integralmente replicado no Brasil mas a autora deste capítulo acredita, sustentada nas evidências de estudos com crianças brasileiras, que resultados semelhantes seriam obtidos em diferentes países, ou seja, que a compreensão do inteiro relativo é influenciada por significados dados aos números e operações, por propriedades sobre as quais se é levado a pensar e pelas representações simbólicas utilizadas ao se lidar com este conceito.

Metade dos alunos resolvia problemas cuja resposta era uma *medida* e metade resolvia problemas que resultavam numa *relação*. Metade dos alunos resolvia os problemas por meio de uma *representação implícita* dos números, ou seja, oralmente, e a outra metade resolvia os problemas usando alguma forma de *representação explícita*. Ao utilizar uma representação explícita era preciso claramente distinguir entre os sinais positivos e negativos de números. O mesmo não ocorria com representações implícitas nas quais não se fazia exteriormente distinções entre sinais de números, embora internamente quem as utilizava pudesse fazer essas distinções. Oralmente se podia com maior facilidade não fazer distinções entre sinais de números positivos e negativos. Por escrito ou por uso de manipulativos, em geral, as distinções se faziam necessárias. Os que tinham que explicitamente representar os números citados nos problemas e depois resolvê-los podiam escolher dentre os materiais colocados numa mesa: bolas de gude, palitos, réguas, cartões coloridos, papel e lápis ou canetas coloridas. Todas os alunos resolveram 12 problemas, sendo seis destes *problemas diretos* (com valor final desconhecido) e seis *problemas inversos* (com valor inicial desconhecido).

Neste plano metodológico as três dimensões propostas por Vergnaud (1986, 1997) foram manipuladas: os alunos resolviam problemas de diferentes *significados* (*medidas* ou *relações*), envolvendo diferentes *invariantes* (as propriedades de problemas *diretos* e as de problemas *inversos*) e por meio de diferentes formas de *representação simbólica* (*implícitas* — como a representação oral, ou *explícitas* — como representações escritas ou as que se utilizam de material manipulativo).

Os alunos resolviam problemas inseridos em um contexto de um jogo de *pinball*, como se pode observar na Figura 1. No *pinball* estavam marcados os pontos positivos e negativos por meio das palavras *gain* (ganho) e *loss* (perda).

O problema direto de medida correspondente a esta situação era: "Eu joguei no *pinball* e ganhei um ponto, depois eu ganhei três pontos e depois eu perdi seis pontos. No final fiquei com um escore ganhador (como os alunos tinham decidido denominar um escore positivo), um escore perdedor (como os alunos tinham decidido denominar um escore negativo) ou

FIGURA 1
O jogo de *pinball*

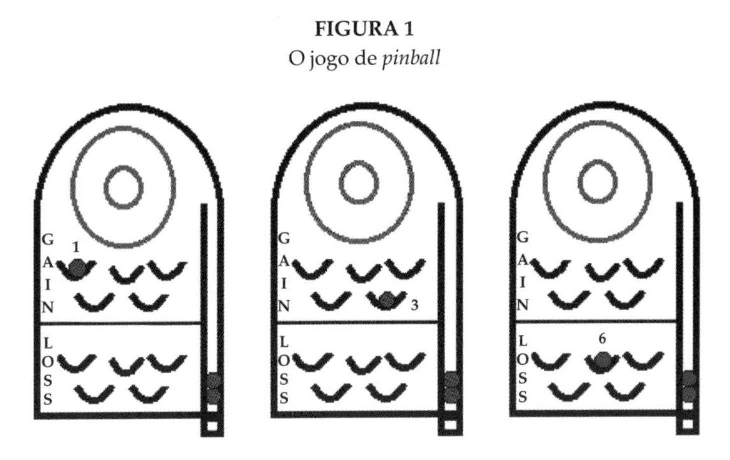

nenhum ponto? De quanto é o meu escore no final do jogo?" Este problema poderia ser representado convencionalmente como (+1) + (+3) + (–6) = ?, mas esta representação formal não era apresentada aos alunos. Era considerada como resposta correta não apenas (–2) mas também qualquer indicação por parte dos alunos de que o resultado era um 'dois negativo'.

Um problema inverso de medida correspondente seria: "Eu não sei com quantos pontos eu iniciei no jogo, depois eu ganhei três pontos, depois eu perdi seis pontos e terminei o jogo com um 'escore perdedor' (como os alunos tinham decidido denominar um escore negativo) de dois pontos. Eu ganhei, perdi, ou marquei zero na primeira vez que joguei? Quantos pontos ganhei/perdi?" A representação formal deste problema, não apresentada aos alunos, poderia ser ? + (+3) + (–6) = (–2). As respostas dadas pelos alunos a este problema que apresentassem uma indicação de que o valor inicial era 'um ganho de um ponto', além das que apresentaram (+1) como resposta, foram consideradas corretas.

Um problema direto no qual era solicitada a determinação de uma relação era do tipo: "Eu joguei ontem e terminei com um certo escore. Hoje eu continuei jogando a partir do escore do ontem e hoje eu ganhei um ponto, depois eu ganhei três pontos e depois eu perdi seis pontos. No final, fiquei com mais pontos, menos pontos ou a mesma quantidade de pontos que eu tinha antes? Quantos a mais/menos?" Uma possível representação formal deste problema, semelhante à do primeiro problema de medida citado anteriormente e também não apresentada aos alunos, poderia ser $x + (+1) + (+3) + (-6) = ?$. Desejava-se observar com este problema se o aluno compreenderia que no final se teria "dois pontos a menos", independentemente do escore que tinha antes (representado por x na expressão).

Um problema inverso de relação correspondente seria: "Eu não sei o que aconteceu no começo do jogo de hoje, depois ganhei três pontos, depois perdi seis pontos e terminei com dois pontos a menos do que eu tinha antes. O que aconteceu no começo: eu ganhei pontos, perdi pontos ou marquei zero pontos? Quantos pontos ganhei/perdi da primeira vez que joguei hoje?" Semelhantemente ao problema inverso de medida descrito anteriormente, a representação formal deste problema poderia ser $x + ? + (+3) + (-6) = (-2)$. O aluno que respondesse que inicialmente "um ponto havia sido ganho", teria a sua resposta considerada correta.

O Quadro 2 mostra a estrutura dos problemas apresentados aos alunos e resolvidos por eles neste estudo de sondagem dos conhecimentos possuídos anteriormente à introdução formal do conceito de número inteiro relativo. Como já afirmado antes, os problemas eram todos apresentados no contexto do jogo de *pinball* e de forma alguma era exigido o conhecimento da representação formal por parte dos alunos.

Os resultados obtidos no estudo de sondagem inicial podem ser vistos no Tabela 1. Observa-se que a média de acertos quando os alunos respondiam a questões diretas sobre relativos enquanto medidas e não precisavam representar explicitamente os números enunciados nos problemas, ou seja, no Grupo 1, foi de mais de metade dos problemas. Este é um resultado surpreendente considerando-se que os alunos tinham apenas sete ou oito anos de idade e que não tinham tido nenhuma instrução formal sobre o que era um número relativo nem haviam sido ensinados ainda na escola sobre operações com números inteiros.

Os alunos não hesitavam em dar valores negativos como resposta às questões propostas. Já quando os alunos também utilizavam representações implícitas, mas respondiam a questões diretas sobre relativos enquanto relação, a média de acertos caiu para um terço das questões respondidas corretamente, como se pode observar nos resultados do Grupo 3.

QUADRO 2
As estruturas dos problemas resolvidos no estudo de sondagem

6 problemas diretos:

P1: Primeiro positivo, primeiro resultado parcial positivo, resultado desconhecido positivo.
(+1) + (+4) + (–2) = ? (+5) + (–2) = (+ 3)

P2: Primeiro positivo, primeiro resultado parcial positivo, resultado desconhecido negativo.
(+1) + (+3) + (–6) = ? (+4) + (–6) = (–2)

P3: Primeiro negativo, primeiro resultado parcial positivo, resultado desconhecido positivo.
(–2) + (+6) + (–3) = ? (+4) + (–3) = (+1)

P4: Primeiro negativo, primeiro resultado parcial positivo, resultado desconhecido negativo.
(–1) + (+3) + (–6) = ? (+2) + (–6) = (–4)

P5: Primeiro positivo, primeiro resultado parcial negativo, resultado desconhecido negativo.
(+1) + (–4) + (–2) = ? (–3) + (–2) = (–5)

P6: Primeiro negativo, primeiro resultado parcial negativo, resultado desconhecido negativo.
(–6) + (+2) + (–3) = ? (–4) + (–3) = (–7)

6 problemas inversos:

P7: Inicial desconhecido, composição de números e resultado positivos.
? + (+4) + (–2) = (+3) (+1) + (+2) = (+3)

P8: Inicial desconhecido positivo, composição de números e resultado negativos.
? + (+3) + (–6) = (–2) (+1) + (–3) = (–2)

P9: Inicial desconhecido negativo, composição de números e resultado positivos.
? + (+6) + (–3) = (+1) (–2) + (+3) = (+1)

P10: Inicial desconhecido, composição de números e resultado negativos.
? + (+3) + (–6) = (–4) (–1) + (–3) = (–4)

P11: Inicial desconhecido positivo, composição de números e resultado negativos.
? + (–4) + (–2) = (–5) (+1) + (–6) = (–5)

P12: Inicial desconhecido, composição de números e resultado negativos.
? + (+2) + (–3) = (–7) (–6) + (–1) = (–7)

Mesmo esta média mais baixa evidencia que um bom número de alunos muito antes de serem introduzidos ao conceito de número inteiro relativo já consegue entender o significado de relação positiva e negativa. O desempenho dos alunos tem uma queda ainda mais significativa quando são solicitados a explicitamente representar os números enunciados (como nos problemas diretos resolvidos pelo segundo e pelo quarto grupo) e quando têm que raciocinar sobre problemas inversos, nos quais os valores iniciais são desconhecidos (na resolução dos problemas inversos destes dois grupos). Nestes casos a média de acertos é inferior a dois dos seis problemas respondidos.

TABELA 1

As médias de acertos (de possíveis 6) no primeiro estudo nos problemas diretos e inversos, de acordo com significados dados aos números e formas de representação utilizadas

Significado dado ao inteiro relativo	Representação simbólica utilizada	Problemas diretos	Problemas inversos
Medida	G1 — Representação implícita	3,80	1,73
	G2 — Representação explícita	1,73	1,20
Relação	G3 — Representação implícita	2,00	1,33
	G4 — Representação explícita	1,20	0,33

Os resultados desta sondagem inicial foram confirmados em outros estudos posteriores e evidenciam que os alunos, muito antes de iniciarem o estudo dos inteiros relativos na escola, já têm um bom conhecimento deste campo numérico. Com estes estudos confirmou-se o que a análise de estudos anteriores havia demonstrado: antes da introdução formal do conceito, um bom número de alunos pode resolver problemas que envolvem inteiros relativos desde que o significado em questão seja o do inteiro enquanto medida, desde que não tenham que explicitamente representar os números e as operações sobre os números e desde que os problemas sejam diretos, ou seja, com valor final desconhecido.

O que estes resultados podem nos orientar quanto ao ensino de números inteiros a partir do terceiro ciclo do Ensino Fundamental? Os resultados obtidos no estudo aqui relatado e nos anteriormente analisados mostram que ao iniciar o estudo dos inteiros relativos, em geral na 6ª série[6] do Ensino Fundamental, os alunos já têm algum conhecimento deste conceito, mas ainda há muito a ser aprendido. Os resultados sugerem que os professores verifiquem se os alunos já conhecem os relativos enquanto medida e que verifiquem se eles têm dificuldade em entender os relativos enquanto relação. Se este for o caso, o professor deve dar atenção especial a este significado dado aos inteiros relativos bem como auxiliar os alunos

6. Pela nomenclatura adotada pelo MEC, atualmente esta série é denominada de 7º ano. (N. da R.)

na compreensão de como representar explicitamente números e operações com inteiros e como lidar com problemas nos quais os valores iniciais são desconhecidos e que podem ser resolvidos por inversão.

As três próximas seções deste capítulo discutirão como os alunos deste primeiro estudo lidaram com diferentes significados dados aos inteiros relativos, com diferentes propriedades e com diferentes formas de representar estes números. Como ainda não tinham estudado este conceito na escola, as produções destes alunos são surpreendentes, pois demonstram sua capacidade de gerar soluções e representações simbólicas com um conceito sobre o qual só estudariam formalmente cerca de três ou quatro anos depois.

O papel dos significados na compreensão dos números inteiros relativos

Na Tabela 2 pode-se comparar o desempenho do grupo que respondia oralmente a problemas nos quais o significado dado aos relativos era o de medida (G1) com o do grupo que respondia oralmente a questões sobre outro significado — o de inteiro como relação (G2).

TABELA 2
Porcentagem de respostas corretas nos seis problemas diretos dos dois grupos que respondiam os problemas oralmente

	Significados	
Representação formal do problema	**Medida –G1**	**Relação –G3**
P1: (+1) + (+4) + (–2) = ?	100	87
P2: (+1) + (+3) + (–6) = ?	93	40
P3: (–2) + (+6) + (–3) = ?	73	40
P4: (–1) + (+3) + (–6) = ?	40	20
P5: (+1) + (–4) + (–2) = ?	33	13
P6: (–6) + (+2) + (–3) = ?	40	0

Pode-se perceber claramente que, para a mesma estrutura de problema — ou seja, sendo necessária a mesma operação aritmética — os alunos se saíam melhor quando o significado envolvido era o de medida (escore no jogo). Mesmo quando a medida final era negativa, um bom número de alunos foi capaz de determinar o escore negativo requerido. Uma das dificuldades maiores dos alunos ao resolverem questões envolvendo medidas foi a de lidar com valores iniciais negativos.

A dificuldade maior dos alunos em lidarem com o número relativo enquanto relação era a de reconhecer que não era necessário saber qual o escore inicial do jogo para que fosse possível determinar a diferença entre escore final e escore inicial, conhecendo-se as três transformações ocorridas. A determinação de relações exige que o aluno perceba o caráter generalizador de relações, à semelhança de generalizações algébricas. Por exemplo, independentemente de quantos pontos eu tenho inicialmente num jogo, eu terei "dois pontos a menos" (a relação –2) após ganhar um ponto, ganhar três pontos e perder seis pontos (como no segundo problema proposto). Este pensamento generalizado não parece ser atingido por alunos de sete e oito anos de idade.

O papel das invariantes na compreensão dos números inteiros relativos

Na Tabela 3 pode-se observar as dificuldades em lidar com as propriedades envolvidas em problemas inversos — nos quais se conheciam as transformações intermediárias e o escore final do jogo e desejava-se determinar a transformação inicial ocorrida. Nesta tabela estão expostos os resultados obtidos pelo primeiro grupo — o que lidava com medidas e respondia os problemas oralmente. Os percentuais de acerto nas seis primeiras questões — problemas diretos com valor final desconhecido — são, em sua maioria, superiores aos percentuais de acerto nas seis últimas questões — problemas inversos com valor inicial desconhecido.

Não se observou nenhuma criança explicitamente fazendo uso da inversão, ou seja, subtraindo a composição de transformações encontrada do escore final dado. Os poucos alunos que conseguiram acertar os problemas inversos, em geral, adotavam a estratégia de compor a segunda com a terceira transformações e em seguida — por tentativa e erro — procuraram determinar qual escore inicial combinado com o resultado da segunda e terceira transformações resultaria no escore final dado. Assim no sétimo e nono problemas — com percentual de acerto maior que 50% — os alunos que acertaram estas questões determinaram as respectivas composições ((+4) + (–2) = (+2) no P7 e (+6) + (–3) = (+3) no P9) e por tentativa e erro determinaram a transformação inicial ((+1) + (+2) = (+3) no P7 e (–2) + (+3) = (+1) no P9).

TABELA 3

Percentagem de respostas corretas nos problemas diretos (P1 a P6) e inversos (P7 a P12) do Grupo 1 no estudo de sondagem

	Significado/Forma de representação simbólica
Representação formal do problema	**Medida/Representação implícita (G1)**
P1: (+1) + (+4) + (–2) = ?	100
P2: (+1) + (+3) + (–6) = ?	93
P3: (–2) + (+6) + (–3) = ?	73
P4: (–1) + (+3) + (–6) = ?	40
P5: (+1) + (–4) + (–2) = ?	33
P6: (–6) + (+2) + (–3) = ?	40
P7: ? + (+4) + (–2) = (+3)	67
P8: ? + (+3) + (–6) = (–2)	13
P9: ? + (+6) + (–3) = (+1)	67
P10: ? + (+3) + (–6) = (–4)	7
P11: ? + (–4) + (–2) = (–5)	7
P12: ? + (+2) + (–3) = (–7)	7

O papel das representações simbólicas na compreensão dos números inteiros relativos

A partir da observação da Tabela 4 pode-se comparar os desempenhos dos alunos que resolveram oralmente aos problemas de medida e dos que resolveram os problemas por meio de alguma representação explícita, ou seja, por escrito ou por meio de material manipulativo — bolas de gude, palitos, cartões coloridos ou réguas.

Comparando-se o desempenho destes dois grupos, observa-se que os alunos tinham uma facilidade maior em lidar com os números relativos por meio de uma representação implícita, ou seja, respondendo às questões oralmente sem ter que registrar explicitamente as diferenças entre números positivos e negativos e entre números e operações. Algumas poucas crianças, porém, foram capazes de gerar formas eficientes de representação explícita, como se pode observar na Figura 2.

TABELA 4
Porcentagem de respostas corretas nos seis problemas diretos dos dois grupos que resolveram problemas de medidas

	Grupos — Significado/Forma de representação	
Representação formal dos problemas	G1 — Medida/Implícita	G2 — Medida/Explícita
P1: (+1) + (+4) + (–2) = ?	100	93
P2: (+1) + (+3) + (–6) = ?	93	20
P3: (–2) + (+6) + (–3) = ?	73	27
P4: (–1)+ (+3) + (–6) = ?	40	13
P5: (+1) + (–4) + (–2) = ?	33	7
P6: (–6) + (+2) + (–3) = ?	40	13

Em (a) da Figura 2 observa-se a representação espontaneamente gerada por uma criança na qual valores positivos são marcados acima de uma linha traçada e valores negativos são registrados abaixo desta linha. Inicialmente a criança registrou a perda inicial (–2) com um 2 escrito abaixo da linha traçada. Ao calcular a composição da perda de 2 pontos com o ganho de 6 pontos, a criança riscou o 2 e marcou 4 acima da linha para representar o resultado (+4). Compondo este resultado com a perda subsequente de 3 pontos, a criança riscou o 4 e marcou sua resposta final 1 acima da linha, para corretamente representar o valor final (+1).

Em (b) da Figura 2 observa-se uma representação gerada que se assemelha à representação convencional ensinada na sala de aula. A criança que gerou esta representação marcou os sinais dos números após os mesmos, e não antes como na representação convencional, e corretamente solucionou a questão.

Em (c) e (d) da Figura 2 duas crianças geraram suas formas próprias de marcar valores positivos e negativos, marcando pontos ganhos (*won*) e pontos perdidos (*lost*) separadamente. Após esta marcação separada, tanto uma criança quanto a outra resolveram corretamente as questões: somando todos os positivos e somando todos os negativos e, em seguida, determinando a diferença, obtendo, assim, as medidas finais solicitadas.

FIGURA 2
Representações explícitas do problema direto ((–2) + (+6) + (–3)) nas quais números positivos e negativos foram marcados distintamente

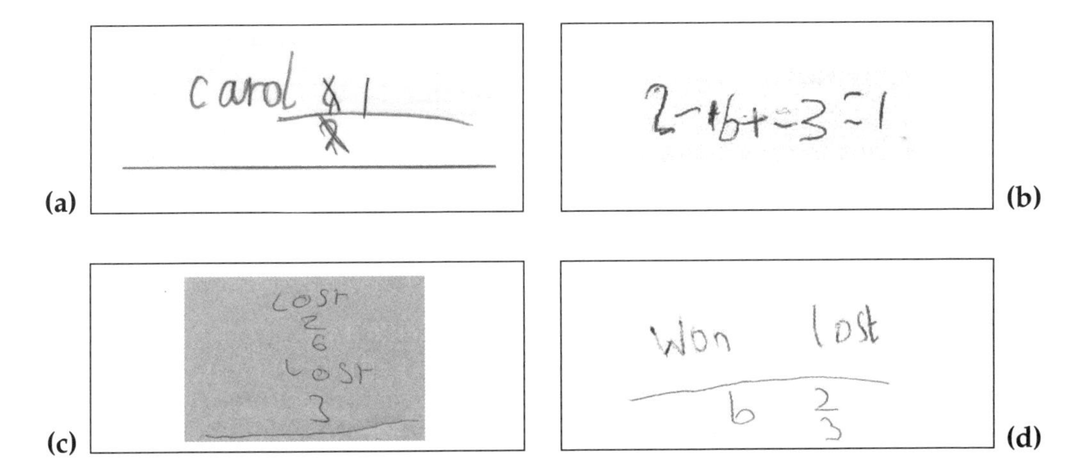

Estes quatro exemplos mostram como alguns alunos, até bem antes de iniciarem o estudo de inteiros relativos, são capazes de gerar formas eficientes de representar explicitamente números positivos e negativos e de operarem corretamente por meio do uso de suas representações geradas.

Testando a mediação para superação das dificuldades observadas

A pesquisa aqui relatada tinha como objetivo não apenas sondar os conhecimentos dos alunos antes da aprendizagem do conceito de número inteiro relativo na escola, mas também propor intervenções que auxiliassem os alunos na superação das dificuldades demonstradas. Assim, na primeira intervenção proposta, que envolveu 64 alunos de sete e oito anos de idade de uma escola inglesa distinta daquela na qual o estudo de sondagem foi realizado, buscou-se auxiliar os alunos na sua compreensão de como registrar explicitamente números positivos e negativos e de como operar auxiliados por estas representações e, também, objetivou-se levar os alunos a refletirem sobre o significado de inteiro relativo enquanto relação. No segundo estudo de intervenção, com outros 60 alunos, distintos daqueles que haviam participado do primeiro estudo de intervenção, tinha-se como objetivo auxiliar os alunos em suas compreensões de problemas inversos — valor inicial desconhecido — envolvendo inteiros relativos.

Estudo 2: Superando dificuldades de representação explícita e de entendimento do significado de inteiro relativo enquanto relação

Os alunos do segundo estudo (o primeiro de intervenção desta pesquisa) resolviam problemas que envolviam seis transformações, como pode ser observado na Tabela 5. Este número maior de transformações tinha como objetivo levar os alunos a sentirem a necessidade de buscar formas de registrar diferenças entre números positivos e negativos para que pudessem corretamente operar sobre estes números. Os 12 problemas propostos variavam em quantidade de valores negativos envolvidos e intercalavam-se problemas que resultavam em medidas com problemas que resultavam em relações. Os mesmos problemas foram resolvidos pelos alunos antes (pré-teste) e depois (pós-teste) de uma intervenção, todos inseridos no contexto do jogo de *pinball*, como sugerido na Figura 3.

TABELA 5
A estrutura dos problemas trabalhados no pré e pós-teste
do primeiro estudo de intervenção

P1: (+1) + (+4) + (+6) + (–2) + (–5) + (–1) = ?
(+11) + (–8) = (+3)

P2: (+2) + (+5) + (+7) + (–3) + (–6) + (–2) = ?
(+14) + (–11) = (+ 3)

P3: (+6) + (–4) + (+2) + (–5) + (+7) + (–8) = ?
(+15) + (–17) = (–2)

P4: (+5) + (–3) + (+1) + (–4) + (+6) + (–7) = ?
(+12) + (–14) = (–2)

P5: (–2) + (+7) + (–5) + (+4) + (+6) + (–1) = ?
(+17) + (–8) = (+9)

P6: (–3) + (+5) + (–2) + (+3) + (+6) + (–1) = ?
(+14) + (–6) = (+8)

P7: (–2) + (+4) + (+5) + (–6) + (–8) + (+7) = ?
(+16) + (–16) = (0)

P8: (–1) + (+3) + (+4) + (–5) + (–7) + (+6) = ?
(+13) + (–13) = (0)

P9: (–5) + (+1) + (–2) + (+4) + (–6) + (+3) = ?
(+8) + (–13) = (–5)

P10: (–8) + (+2) + (–3) + (+4) + (–5) + (+6) = ?
(+12) + (–16) = (–4)

P11: (–9) + (–6) + (+6) + (+5) + (+1) + (+2) = ?
(+14) + (–15) = (–1)

P12: (–8) + (–5) + (+5) + (+4) + (+1) + (+2) = ?
(+12) + (–13) = (–1)

FIGURA 3
Os problemas no jogo de ***pinball*** no primeiro estudo de intervenção

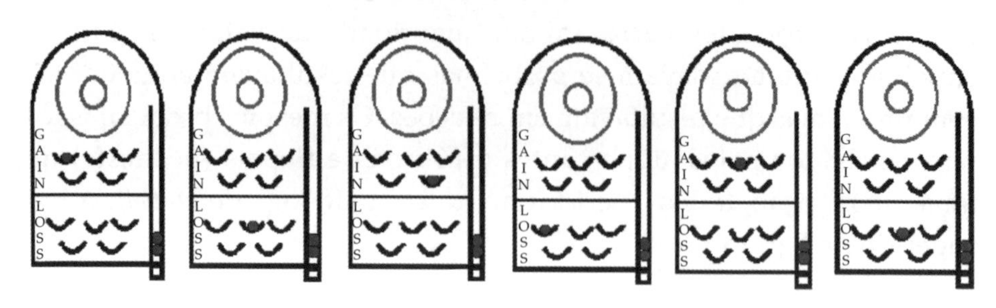

Exemplo de um problema de medida: "Ana não tinha nenhum ponto quando ela começou a jogar. Depois ela ganhou seis pontos, perdeu quatro pontos, ganhou dois pontos, perdeu cinco pontos, ganhou sete pontos e finalmente perdeu oito pontos. Qual o seu escore final: ela está ganhando pontos, perdendo pontos ou não tem nenhum ponto?... De quantos pontos é o seu escore final?"

Exemplo de um problema de relação: "João jogou ontem e iniciou hoje já com alguns pontos. Hoje, marcando a partir do escore de ontem, ele ganhou seis pontos, perdeu quatro pontos, ganhou dois pontos, perdeu cinco pontos, ganhou sete pontos e finalmente perdeu oito pontos. No final do jogo de hoje ele tem mais pontos, menos pontos ou o mesmo número de pontos que ele tinha quando começou a jogar? Quantos pontos a mais/a menos?

Para testar formas diferentes de intervir e auxiliar os alunos na superação de suas dificuldades, eles foram separados em quatro diferentes grupos de intervenção, conforme se pode observar no Quadro 3. Uma vez que se tinha como um dos objetivos o de levar os alunos a gerarem formas eficientes de registrar números positivos e negativos — não necessariamente por meio do uso dos sinais utilizados convencionalmente para registrar números relativos — todos os grupos trabalhavam com representações explícitas — uso de cartões coloridos ou por escrito. Estas formas de representação foram utilizadas porque os alunos do estudo anterior que haviam gerado espontaneamente representações explícitas para números inteiros tinham se utilizado destas duas formas de registro.

Na sessão de intervenção os alunos eram incentivados a pensarem em formas de representar diferentemente números positivos e negativos e depois a refletirem sobre como operar com números relativos. Para que os alunos desenvolvessem a compreensão de que números de sinais

QUADRO 3
Os grupos do primeiro estudo de intervenção.

	Forma explícita de representação	
Significado trabalhado	**Uso de cartões coloridos**	**Por escrito**
Medida	G1	G2
Relação	G3	G4

iguais deveriam ser somados e depois deveria ser obtida a diferença entre positivos e negativos — de modo a descobrir se o escore final era positivo ou negativo — perguntava-se aos alunos como eles poderiam fazer a distinção entre pontos ganhos e pontos perdidos e como poderiam obter o escore final a partir do total de ganhos e total de perdas.

Na Tabela 6 pode-se observar como os alunos, que haviam iniciado com a mesma média de acertos no pré-teste — antes da sessão de intervenção — demonstraram uma média de acertos muito maior no pós-teste, após terem participado da intervenção. Apesar de todos os grupos terem avançado em suas compreensões de como registrar e operar com números inteiros relativos, alguns grupos avançaram bem mais que outros.

TABELA 6
Desempenho (média de acertos dentre possíveis 12)
por grupo no pré e pós-teste do primeiro estudo de intervenção

Forma de instrução		Pré-teste	Pós-teste
Significado	**Representação explícita**		
Medida	G1 Cartões coloridos	1,50	6,75
	G2 Por escrito	1,50	6,56
Relação	G3 Cartões coloridos	1,50	9,25
	G4 Por escrito	1,50	9,81

Observa-se que aprender formas de registrar diferentemente números positivos e negativos foi fácil para a grande maioria dos alunos, quer fosse por uso de cartões coloridos, quer fosse por meio de representação escrita. O que se destaca também nos resultados obtidos é que os alunos que discutiram o significado de relativo enquanto relação (Grupos 3 e 4) puderam avançar bem mais em suas compreensões do que os alunos que discutiram o significado de medida.

As Figuras 4 e 5 mostram as formas utilizadas por alguns dos alunos para representarem um dos problemas apresentados no pós-teste. A Figura 4 mostra algumas formas de uso de material manipulativo — palitos, bolas de gude e cartões coloridos. A Figura 5 mostra algumas representações escritas produzidas pelos alunos no pós-teste. Observa-se que os alunos geraram diferentes formas de representar o mesmo problema. Como na intervenção eles não eram ensinados uma única forma de representação, os alunos puderam criar formas próprias de diferenciação entre números positivos e negativos: colocando material manipulativo de um lado para representar números positivos ou de outro para representar negativos, usando cores diferentes para representar positivos e

FIGURA 4
Algumas representações geradas por alunos no pós-teste do primeiro estudo de intervenção que utilizaram material manipulativo para resolverem o problema P10: (–8) + (+2) + (–3) + (+4) + (–5) + (+6)

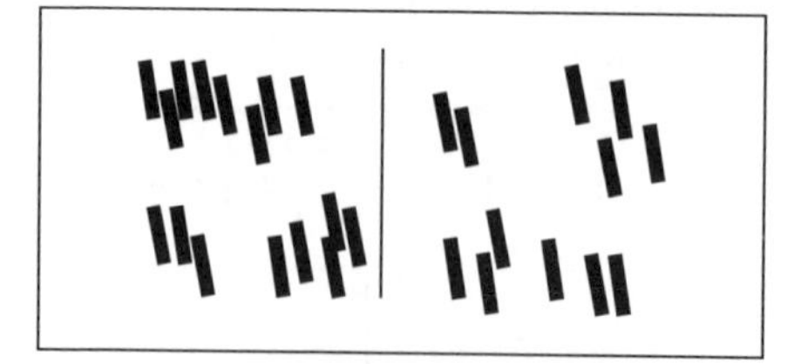
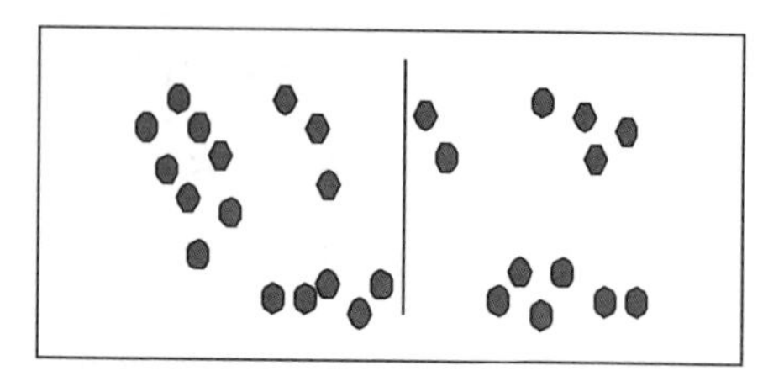
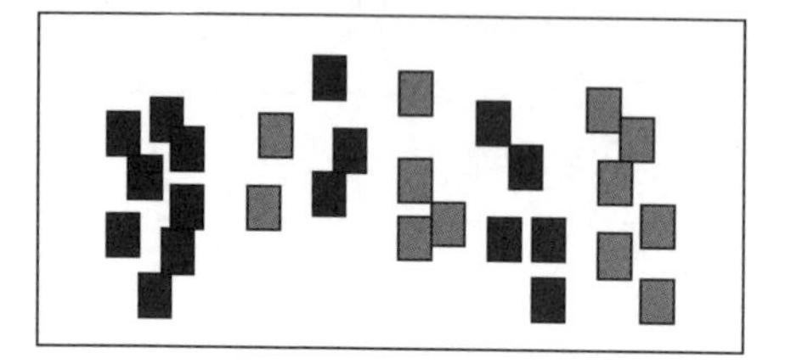
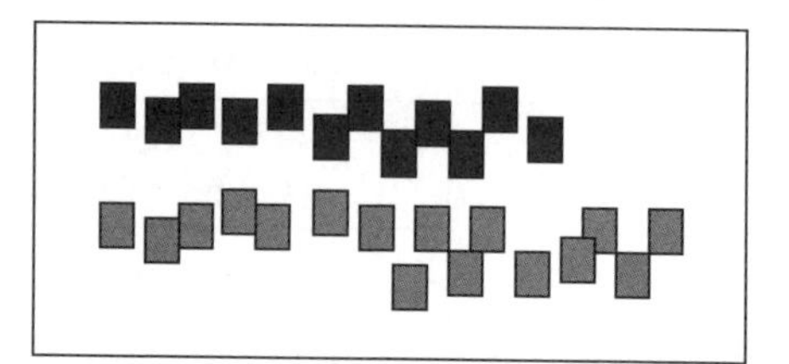

FIGURA 5

Algumas representações geradas por alunos no pós-teste do primeiro estudo de intervenção que utilizaram registros escritos para resolverem o problema P10: (–8) + (+2) + (–3) + (+4) + (–5) + (+6)

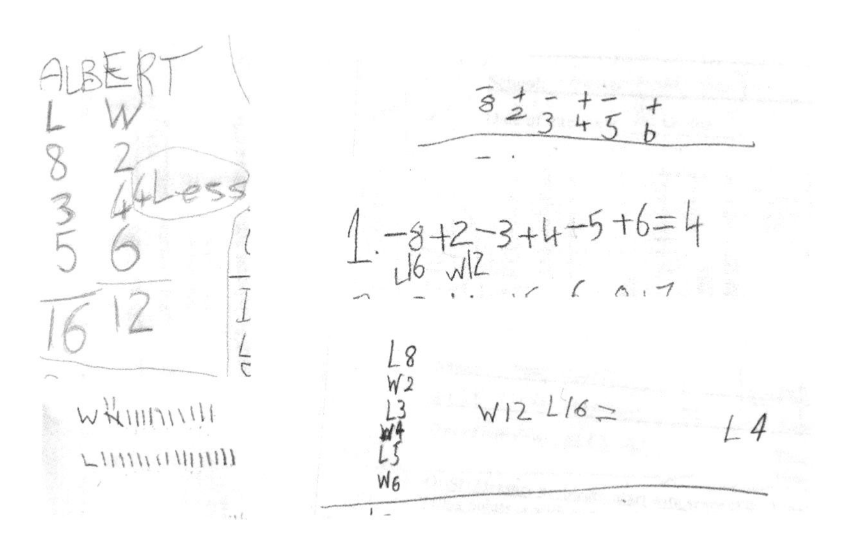

negativos ou marcações em papel por intermédio de letras ou sinais que diferenciavam valores positivos de valores negativos. É interessante notar que alguns alunos utilizaram três formas distintas de representação — uma no pré-teste, outra na intervenção e ainda outra no pós-teste. Este uso diversificado de formas de representar evidencia que os alunos compreendiam muito bem os registros gerados, pois puderam transferir suas compreensões de uma forma de representação para outra.

Os alunos que refletiram sobre o número relativo enquanto relação puderam perceber que podiam determinar se no final do jogo o escore era maior ou menor que o escore anterior, mesmo sem conhecer a pontuação inicial. Mesmo havendo apenas discutido o significado de relação durante a intervenção, estes grupos passaram a compreender melhor os problemas de medidas e conseguiram melhor desempenho nos problemas dos dois significados no pós-teste. Porém, as crianças que discutiram o significado de medida não conseguiram no pós-teste avançar em sua compreensão de problemas de relação.

O que se pode aprender deste primeiro estudo de intervenção e o que se sugere a partir de seus resultados para o ensino em sala de aula do conceito de número inteiro relativo? Alunos podem facilmente compreender a necessidade de registrar diferentemente números positivos e negativos e depois a de operar sobre estas representações diferenciadas. Na sala de aula o professor pode inicialmente deixar que os alunos gerem suas formas próprias de representar números positivos e negativos e depois pode levá-los a observar que distinções semelhantes são feitas na representação formal que se utiliza dos sinais "+" e "–" para números positivos e negativos, respectivamente. A geração por parte dos alunos de diferentes formas de representar ocorrerá se o professor propuser situações nas quais esta distinção se faz necessária — como jogos nos quais se deseja registrar valores de natureza oposta.

Outro resultado com forte repercussão para o ensino em sala de aula é que não é preciso sempre iniciar o ensino a partir de significados de mais fácil compreensão. No caso deste estudo de intervenção, observou-se que os alunos que mais avançaram foram aqueles que discutiram o significado de mais difícil compreensão, mesmo antes de discutir o significado mais fácil. Como os alunos já possuíam alguma compreensão do relativo enquanto medida eles se beneficiaram bem mais em discutir o relativo enquanto relação do que ficar apenas discutindo o significado mais fácil.

Estudo 3: Superando dificuldades de compreensão de problemas inversos

Para a superação das dificuldades com a compreensão de problemas inversos, foi proposta uma intervenção na qual ficasse bem claro para os alunos que o desconhecido nos problemas era o valor inicial. Os problemas apresentados neste segundo estudo de intervenção, como se pode observar no Quadro 4, possuíam apenas duas transformações, pois desejava-se simplificar a estrutura dos problemas para que os alunos pudessem se concentrar na elaboração de estratégias com as quais pudessem resolver problemas inversos. Nos testes intercalavam-se problemas diretos com problemas inversos, todos apresentados dentro do contexto do jogo de *pinball*.

QUADRO 4

A estrutura dos problemas trabalhados no pré e pós-teste do segundo estudo de intervenção

P1:	(–2) + (+6) = ?	? = (+4)
P2:	? + (+1) = (–8)	? = (–9)
P3:	(–5) + (–2) = ?	? = (–7)
P4:	? + (–3) = (–9)	? = (–6)
P5:	(–7) + (+2) = ?	? = (–5)
P6:	? + (–5) = (–2)	? = (+3)
P7:	(+1) + (–9) = ?	? = (–8)
P8:	? + (–7) = (0)	? = (+7)
P9:	(–4) + (+4) = ?	? = (0)
P10:	? + (+8) = (+6)	? = (–2)
P11:	(+9) + (–9) = ?	? = (0)
P12:	? (+8) = (0)	? = (–8)

Os alunos participantes deste segundo estudo de intervenção foram separados em dois grupos — um no qual se discutiam apenas problemas diretos e outro no qual se discutiam exclusivamente problemas inversos. Em ambos os grupos os alunos utilizavam um quadro, como o apresentado na Figura 6, no qual marcavam com cartões coloridos os valores conhecidos — a primeira e a segunda transformação no caso dos problemas diretos e a segunda transformação e o escore final no caso dos problemas inversos.

FIGURA 6

O quadro utilizado no segundo estudo de intervenção

1º	2º	Escore Final

Objetivava-se com o uso deste quadro que os alunos marcassem espacialmente os valores dados e os desconhecidos dos problemas propostos. Após esta marcação os alunos eram levados a refletir sobre como poderiam obter os valores desconhecidos do quadro. Não se ensinavam estratégias únicas, mas se estimulavam os alunos a criarem procedimentos de solução.

Os resultados obtidos neste segundo estudo de intervenção podem ser observados na Tabela 7.

TABELA 7
Desempenho dos grupos no pré e pós-teste do segundo estudo de intervenção

Forma de instrução	Pré-teste		Pós-teste	
	Problemas diretos	Problemas inversos	Problemas diretos	Problemas inversos
G1 — Problemas diretos	1,90	1,30	5,45	1,65
G2 — Problemas inversos	1,90	1,30	3,20	2,45

Pode-se observar que o grupo que discutiu apenas problemas diretos demonstrou no pós-teste ter avançado apenas na compreensão deste tipo de problema. Os alunos que discutiram problemas inversos conseguiram avançar em sua compreensão tanto de problemas diretos quanto de problemas inversos. À semelhança do primeiro estudo de intervenção, sugere-se que discutir na sala de aula conteúdos mais complexos pode auxiliar os alunos nas suas compreensões de conteúdos menos complexos.

Os avanços conseguidos pelos grupos deste segundo estudo de intervenção foram, porém, menores que aqueles demonstrados pelos alunos do primeiro estudo. É possível que este avanço tenha sido menor devido ao fato de que compreender problemas inversos com inteiros relativos exige um maior tempo de intervenção. Mesmo com o auxílio do recurso visual — o quadro que marcava espacialmente valores conhecidos e desconhecidos — os alunos mencionavam que embora identificassem qual o valor desconhecido do problema, não sabiam como determiná-lo. A estratégia para determinação do valor inicial desconhecido continuava a ser a tentativa, mas a visualização permitida com o quadro possibilitava um maior índice de acertos.

O que se pode concluir sobre o ensino-aprendizagem de conceitos a partir da revisão de estudos anteriores, da realização de estudo de sondagem e de estudos de intervenção

Quanto à compreensão de números inteiros relativos, pode-se concluir — baseado em resultados de estudos anteriores, dos estudos de sondagem e de intervenção descritos neste capítulo — que é mais fácil entender o significado de número relativo enquanto ***medida*** do que o significado de ***relação***; que a dificuldade de lidar com ***problemas inversos*** é muito maior do que entender ***problemas diretos***; e que uma das maiores dificuldades de operar com números inteiros deve-se a ter que ***representar simbolicamente de forma explícita*** as diferenças entre números positivos e negativos e entre os sinais dos números e os sinais das operações aritméticas.

O presente estudo também evidencia que, uma vez detectadas as dificuldades dos alunos com números inteiros relativos, é possivel auxiliá-los a compreenderem que: a) no significado da relação não é necessário saber quanto se tinha antes para determinar que no final se tem mais ou menos que anteriormente; b) na relação inversa se deseja determinar uma medida inicial, dada uma transformação e uma medida final e c) é preciso diferenciar de alguma forma (seja por uso de cores diferentes, seja dos sinais "+" e "–", ou outra forma diferenciadora) números positivos e negativos e distinguir sinais de números de sinais de operações.

O conjunto de observações e resultados obtidos no presente estudo indica que para se saber com maior precisão o que alunos conhecem sobre determinado conceito, é preciso criar mecanismos de sondagem que efetivamente levantem o que do conceito já é conhecido e o que precisa ainda ser trabalhado para proporcionar um amplo desenvolvimento conceitual. Para o ensino em sua sala de aula, o professor deve se valer de resultados obtidos em investigações anteriores — realizadas por ele mesmo, por colegas ou por outros pesquisadores — bem como deve constantemente sondar os conhecimentos já possuídos por seus alunos, os conhecimentos a serem desenvolvidos ainda e formas de mediar o desenvolvimento da compreensão de conceitos.

É preciso ter-se um olhar bem atento para levantar quais dimensões dos conceitos os alunos já conhecem e quais ainda precisam de intervenções para que possam avançar em suas compreensões. Para a sondagem do que os alunos já compreendem e de quais intervenções são mais eficientes, deve-se planejar bem as atividades de levantamento de conhecimento e as de mediação da aprendizagem.

Reconhecer que alunos ao iniciarem o estudo em sala de aula de um conceito já possuem certos conhecimentos e sondar cuidadosamente os mesmos é um passo inicial indispensável para o processo ensino-aprendizagem que a escola deseja promover. Elaborar cuidadosamente atividades de mediação que se baseiam em construções próprias por parte dos alunos é um outro passo necessário na direção da promoção do desenvolvimento da compreensão de conceitos por parte de nossos alunos. Investigações do que alunos conhecem e podem vir a conhecer têm que se tornar práticas constantes nas atividades desenvolvidas pela escola para que os alunos venham de fato a avançar no seu conhecimento de conceitos.

Referências bibliográficas

BELL, A. Developmental studies in the additive composition of numbers. *Recherches en Didactique des Mathématiques*, n. 1, 1980. p. 113-141.

BORBA, R. *The effect of number meanings, conceptual invariants and symbolic representations on children's reasoning about direct numbers*. Tese de doutorado em Educação Matemática. Oxford Brookes University, UK, 2002a.

______. O efeito de significados, invariantes e representações na compreensão de números relativos. *Anais do VI Encontro Brasileiro de Estudantes de Pós-Graduação em Educação Matemática (VI EBRAPEM)*. Campinas, 2002b.

______. O que pode influenciar a compreensão de conceitos? O caso dos números inteiros relativos. *Anais do II Seminário Internacional de Pesquisa em Educação Matemática (II SIPEM)*. Santos, 2003.

______; NUNES, T. Are young children able to represent negative numbers? In NAKAHARA, T.; KOYAMA, M. (Orgs.). *Proceedings of the 24th Conference of the*

International Group for the Psychology of Mathematics Education. Japan: Hiroshima University, 2000.

______; ______. Como significados, propriedades invariantes e representações simbólicas influenciam a compreensão do conceito de número inteiro relativo. *Educação Matemática Pesquisa*, v. 6, n. 1, p. 73-100, 2004.

______; SANTOS, R. Investigando a resolução de problemas de estruturas aditivas com crianças de 3ª série. *Tópicos Educacionais*. Recife, 1997a.

______; SANTOS, C. Conhecimentos prévios e a introdução ao conceito de número relativo. *Anais da 49ª Reunião Anual da Sociedade Brasileira para o Progresso da Ciência*. Belo Horizonte, 1997b.

CARAÇA, B. *Conceitos fundamentais da matemática*. Lisboa: Livraria Sá da Costa Editora, 1984.

CARPENTER, T.; MOSER, J. The development of addition and subtraction problem solving. In CARPENTER, T.; MOSER, J. (Orgs.). *Addition and subtraction: a cognitive perspective*. Hillsdale, New Jersey: Lawrence Erlbaum Associates, 1982, p. 10-24.

CARRAHER, T., SCHLIEMANN, A.; CARRAHER, D. *Na vida dez, na escola zero*. São Paulo: Cortez, 1988.

DAVIDSON, P. How should non-positive integers be introduced in elementary mathematics? In BERGERAN, J. C.; HERSCOVICS, N.; KIERAN, C. (orgs.). *Proceedings of the XI International Conference for the Psychology of Mathematics Education*. Montreal: Canadá, 1987, p. 430-436.

DAVIS, R. *Learning Mathematics. The cognitive science approach to mathematics education*. London: Routledge, 1984.

DAVIS, R. Discovery learning and constructivism. In DAVIS, R.; MAHER, C.; NODDINGS, N. (Orgs.). Constructivist views on the teaching and learning of mathematics. Monograph 4, *Journal for Research in Mathematics Education*. Reston: National Council of Teachers of Mathematics, 1990.

DOMINGUES, H. *Fundamentos de Aritmética*. São Paulo: Atual, 1991.

GALLARDO, A.; ROJANO, T. Avoidance and acknowledgement of negative numbers in the context of linear equations. *Proceedings of the XIV International Conference for the Psychology of Mathematics Education*. Mexico, 1990.

GALLARDO, A.; ROJANO, T. The status of negative numbers in the solving process of algebraic equations. *Proceedings of the XVI International Conference for the Psychology of Mathematics Education.* New Hampshire: Durham, 1992, p. 161.

KÜCHEMANN. Positive and negative numbers. In: HART, K. (org.). *Children's understanding of Mathematics.* London: John Murray, 1981, p. 82-87.

MARTHE, P. Additive problems and directed numbers. *Proceedings of the Third International Conference for the Psychology of Mathematics Education.* Warwick, England, 1979.

MORETTI, D.; BORBA, R. O que alunos já sabem antes da introdução formal ao conceito de número inteiro relativo. *Anais do VIII Encontro Nacional de Educação Matemática.* Recife, 2003.

MURRAY, J. Children's informal conceptions of integer arithmetic. *Proceedings of the IX International Conference for the Psychology of Mathematics Education.* Utrecht: Netherlands, 1985.

NUNES, T. Cognitive invariants and cultural variation in mathematical concepts. *Journal of Behavioral Development*, v. 15, n. 4, p. 433-453, 1992.

______. Learning Mathematics. Perspectives from everyday life. In: DAVIS, R.; MAHER, C. (Orgs.). *Schools, Mathematics and the world of reality.* Needham Heights: Allyn and Bacon, 1993, p. 61-78.

______; BRYANT, P. *Crianças fazendo matemática.* Porto Alegre: Artes Médicas, 1997.

______; CAMPOS, T.; MAGINA, S.; BRYANT, P. *Introdução à educação matemática.* São Paulo: Proem Editora, 2002.

PELED, I. Levels of knowledge about signed numbers: effects of age and ability. *Proceedings of the XV International Conference for the Psychology of Mathematics Education.* Italy: Assisí, 1991.

VERGNAUD, G. Psicologia do desenvolvimento cognitivo e didática das matemáticas. Um exemplo: as estruturas aditivas. *Análise Psicológica,* v. 1, n. 5, p. 75-90, 1986.

VERGNAUD, G. (1997). The nature of mathematical concepts. In: NUNES, T.; BRYANT, P. (Orgs.). *Learning and teaching mathematics:* an international perspective. London: Psychology Press, 1997, p. 5-28.

Capítulo 3

Gráficos de barras na Educação Infantil e séries iniciais: propondo um modelo de intervenção pedagógica*

*Ana Coêlho Vieira Selva***

Este texto tem como objetivo discutir uma proposta para o trabalho com gráficos de barras na Educação Infantil e séries iniciais do Ensino Fundamental. Seguindo nesta direção, iremos apresentar dois estudos que nos ajudam a refletir sobre alguns aspectos que podem orientar um processo de ensino sobre tratamento de informação com crianças nestas faixas de ensino.

Vamos começar pensando nos gráficos... Gráficos e tabelas têm como objetivo comunicar dados de forma mais visual, permitindo maior clare-

* O estudo descrito e analisado neste capítulo faz parte da tese de doutorado da autora, concluído na Universidade Federal de Pernambuco sob a orientação do Prof. Jorge Falcão e da Profa. Terezinha Nunes e financiado pela Capes.

** anacvselva@uol.com.br

za de comportamento dos mesmos e tendências. Entretanto, interpretar e construir gráficos tem sido uma tarefa muitas vezes considerada difícil por estudantes e mesmo por professores. Juntamente com Carlos Monteiro, colega do Centro de Educação da Universidade Federal de Pernambuco, realizei uma pesquisa com professores do Ensino Fundamental da rede pública do Recife e observamos que o próprio professor reconhece suas dificuldades em interpretar gráficos (Monteiro e Selva, 2001). Alguns professores nos disseram claramente que, em função de suas próprias dificuldades, quase não trabalhavam com gráficos em sala de aula.

Estes dados são preocupantes na medida em que este tipo de representação tem sido cada vez mais utilizado pela mídia, veiculando notícias sobre política, economia, ciência, ou seja, assuntos diversos que permitem a compreensão do mundo por parte das pessoas. Neste sentido, entender gráficos passou a ser também um fator importante para a atuação do indivíduo na realidade.

A partir dos Parâmetros Curriculares Nacionais de 1997, a área de tratamento de informações passou a ser recomendada desde as séries iniciais do Ensino Fundamental. Este fato implicou, em primeiro plano, no reconhecimento da importância de desenvolver a compreensão da criança sobre esta área (iniciação a estatística, gráficos etc.) desde cedo, mas também causou um impacto no nível do professor das séries iniciais sobre como trabalhar o tratamento de informações com crianças pequenas.

Um grande desafio, então, estava se delineando, que significava propor um trabalho envolvendo gráficos para crianças pequenas. O nosso objetivo era iniciar com tais crianças uma reflexão sobre esta representação, sem necessariamente ter que esgotar todas as possibilidades de questões e inferências que o gráfico possibilita. Não era uma tarefa simples, pois, até então, gráficos eram conteúdos restritos às crianças a partir da 5ª série.

Os estudos que são relatados neste capítulo buscaram conhecer como crianças pequenas compreendem gráficos de barras, propondo intervenções para a sala de aula. No primeiro estudo, desenvolvemos uma sequência didática envolvendo blocos de encaixe e gráficos de barras, enquanto que o segundo estudo teve como objetivo comparar duas metodologias para se trabalhar com gráficos de barras no âmbito das estruturas aditivas: a primeira visou a proporcionar o estabelecimento de conexões dos gráficos com material de suporte manipulativo do tipo blocos de encaixe e a segunda propôs o trabalho de resolução de problemas já a partir da representação gráfica.

Nos próximos tópicos, encontram-se algumas reflexões sobre os suportes de representação focalizados nesses estudos: gráficos de barra e materiais manipulativos. Em seguida, apresentaremos uma breve análise das estruturas aditivas, área em que exploramos a resolução de problemas.

A importância dos suportes representacionais

Uma primeira reflexão necessária quando se pretende trabalhar com uma representação específica, em nosso caso, o gráfico de barras, é compreender como o papel das representações tem sido analisado na Educação Matemática, qual a importância dada a este aspecto no estudo dos conceitos matemáticos. Desta necessidade, nos aprofundamos no estudo da teoria proposta por Gerard Vergnaud (1982), já discutida por Rute Borba no capítulo anterior. Neste capítulo, iremos apenas retomar alguns pontos básicos relativos à discussão proposta por Vergnaud sobre o uso das representações.

Vergnaud considera que as representações consistem de todas as representações simbólicas, linguísticas, gráficas ou gestuais que podem ser usadas para representar as invariantes (propriedades dos conceitos) e as situações (que dão significado aos conceitos). A compreensão dessas três dimensões (invariantes, situações e representações) integradas parece favorecer uma maior preocupação didática em encontrar situações que sejam significativas para o estudo de cada conceito em questão, ampliar o leque de situações que mobilizam tal conceito e focalizar o desenvolvimento das representações utilizadas pela criança no percurso de seu desenvolvimento conceitual.

Como vemos, Vergnaud apresenta a *representação* como um dos aspectos básicos na compreensão dos conceitos matemáticos. Neste sentido, do ponto de vista educacional é interessante usar diferentes representações para um mesmo conceito, permitindo uma melhor compreensão do mesmo por parte das crianças. Afinal, uma criança pode compreender mais facilmente um conceito por meio de sua representação gráfica, enquanto que para outra, a representação concreta seja a mais clara.

Nunes (1997) analisa o papel dos sistemas simbólicos a partir do sentido que as ferramentas possuem para quem as usa. Ou seja, os mediadores devem ser compreendidos no contexto da prática cultural em que eles são usados. Assim, conhecer a ferramenta não implica em saber utilizá-la. Isto significa que uma abordagem para a resolução de problemas matemáticos centrada apenas no uso de uma ferramenta simbólica, o algoritmo, por exemplo, não conduziria necessariamente as crianças ao sucesso na escolha das situações pertinentes ao uso daquela ferramenta, pois, ainda que soubessem resolver bem as operações por meio de seus algoritmos, a criança poderia não reconhecer as situações adequadas ao seu uso.

Quando pensamos no trabalho escolar com crianças pequenas sobre resolução de problemas, geralmente observamos que a representação quase que exclusivamente utilizada tem sido o material concreto. Esta ideia de que objetos concretos são imprescindíveis para a compreensão dos conceitos matemáticos vem, na verdade, de uma compreensão inadequada da teoria de Piaget, considerando que as crianças no estágio das operações concretas só poderiam raciocinar sobre objetos concretos. Entretanto, como vimos acima, é importante que a criança tenha acesso a diferentes representações de modo a construir conceitos matemáticos mais amplos. Então, os materiais concretos, auxiliam ou não? O que dizer sobre estes recursos representacionais tão conhecidos e valorizados?

Refletindo sobre o uso de materiais concretos...

Material concreto faz parte do trabalho de matemática desde a Educação Infantil. A justificativa básica referente ao uso desses objetos consiste em manipular objetos e *extrair* princípios matemáticos. Os materiais manipulativos devem, então, representar explicitamente e concretamente ideias matemáticas que são abstratas.

Entretanto, ao analisar a aprendizagem das crianças e suas dificuldades, verificamos que não é tão fácil se extrair princípios matemáticos a partir do uso de materiais concretos. Muitas vezes o princípio matemático está claro apenas para quem já sabe, ou seja, o professor. Para a criança que ainda não domina tal princípio, fica difícil estabelecer conexões entre o concreto e o abstrato.

Seguindo nesta direção, buscamos diversos estudos que avaliaram o uso de materiais concretos no ensino, com o objetivo de verificar até que ponto estes recursos têm sido realmente efetivos em auxiliar o ensino da matemática. Os resultados que encontramos são bem interessantes. Alguns estudos mostram que o uso do material concreto não atende aos propósitos de favorecer o ensino de matemática. Outros estudos, por sua vez, mostram a efetividade destes recursos com crianças pequenas. Vamos analisar, primeiramente, alguns estudos que justificam que o uso de material concreto não é tão efetivo assim como se pensa.

Gravemeijer (1994) analisa o uso de manipulativos em função de que ainda que eles sejam concretos, a Matemática embebida nos modelos que eles representam não é concreta para os estudantes. Este autor considera que o uso de manipulativos está atado a uma perspectiva tradicional de apresentar esse material como um modelo já estruturado, sem qualquer contexto para as crianças.

Meira (1998) sugere que a transparência de um material é algo construído no processo de uso, mediado por seus participantes dentro de práticas socioculturais específicas. Assim, seria fundamental entender como os artefatos são transformados por estudantes no contexto das práticas ao darem sentido às ideias matemáticas. Assim, por exemplo, o material dourado pode ser analisado como um recurso útil para a compreensão do sistema decimal pelo fato dele apresentar em suas características físicas alguns princípios do sistema: base dez, princípio aditivo (uma placa com 100 corresponde a soma de 10 barras de 10) etc. Entretanto, do ponto de vista sócio-histórico, mais importante do que tais características de determinado material é o uso pelas crianças de representações para suas ideias matemáticas. Assim, uma determinada representação pode *ganhar* bastante significado e transparência na medida em que ela faz sentido e é construída pelas crianças, independentemente de suas características físicas.

O estudo de Hart (1987) e Hart & Sinkinson (1988) com crianças inglesas é bem ilustrativo de que a mera presença de manipulativos não garante a aquisição da compreensão conceitual. Em entrevistas com as crianças, estes autores observaram que os alunos não percebiam qualquer relação entre as atividades concretas e a formalização matemática ("soma é soma e blocos são blocos", 1988, p. 381). As ações das crianças nem sempre correspondiam diretamente às transformações escritas que deviam ser feitas na resolução do algoritmo da subtração e, os professores não davam uma atenção explícita para que as relações entre os procedimentos no material concreto e a formalização matemática fossem estabelecidas.

O estudo desenvolvido por Moyer (2001), por sua vez, analisa alguns aspectos positivos de se trabalhar com material concreto em sala de aula. Esta autora argumenta que a manipulação ativa dos materiais permite que crianças desenvolvam um repertório de imagens que podem ser utilizadas na manipulação mental dos conceitos abstratos. Ainda reconhecendo que manipulativos não podem carregar significados neles próprios, esta autora chama atenção para a importância de considerar os manipulativos como potenciais ferramentas e os seus significados como função da tarefa para a qual o professor concebeu seu uso. Assim, se o professor planeja trabalhar com o sistema de numeração decimal, o material de base 10 pode se constituir em um recurso útil para auxiliar a compreensão de seus alunos de determinados princípios, como por exemplo, a organização em base 10 e o princípio aditivo. Isto não significa que um material tenha que esgotar todos os princípios matemáticos de um determinado conceito.

Nesta mesma direção, algumas pesquisas mostram que crianças com uso de manipulativos se saem melhor do que sem esse uso (Sowell, 1989; Carpenter e Moser, 1982; Selva, 1998). Carpenter e Moser (1982), por exemplo, mostraram que crianças pré-escolares norte-americanas que não haviam recebido instrução escolar sobre adição e subtração, apresentavam desempenhos melhores (78,5% de acertos) na resolução de problemas parte-todo (combinação de quantidades) com pares numéricos pequenos quando tinham blocos disponíveis, do que na resolução do mesmo tipo de problema sem a presença de qualquer material (68%). Esta diferença foi ainda mais marcante quando os números envolvidos eram maiores que 10 (60,5% de acerto com a presença de blocos e 36,5% sem eles).

Outro estudo, desenvolvido por Selva (1998), também verificou desempenhos superiores na resolução de problemas de divisão quando as crianças (de 6 a 8 anos) tinham materiais manipulativos à disposição. Entretanto, a análise das estratégias mostrou que embora melhores desempenhos fossem observados no grupo com objetos concretos, crianças nos outros grupos (grupo que podia usar papel e lápis para resolver os problemas propostos e grupo que não tinha à disposição qualquer objeto) apresentavam estratégias mais flexíveis na resolução dos problemas (adição repetida, fato memorizado etc.). Crianças que dispunham de manipulativos tendiam, mesmo em séries mais avançadas, ao uso de estratégias simples de representação direta dos dados do problema.

Sowell (1989) realizou uma revisão de 60 estudos sobre uso de manipulativos que incluíam crianças da pré-escola ao Ensino Médio para determinar a efetividade do uso de manipulativos (representações concretas e pictóricas) no ensino de matemática. O uso de material concreto pareceu favorecer a compreensão dos alunos apenas quando eram utilizados no ensino por períodos superiores ou iguais a um ano. Este dado sugere que o uso de material concreto no ensino não se mostrou tão efetivo quanto muitas vezes se pensa e que outras formas de ensino, baseadas em representações pictóricas e simbólicas podem também contribuir para a aprendizagem dos alunos.

Esses dados apontam que não se pode determinar o material concreto como responsável pelo sucesso ou insucesso das crianças na compreensão dos conceitos matemáticos. Tal como Vergnaud analisou, as representações são um dos aspectos do conceito. E, ainda do ponto de vista da representação, devemos ter claro que um conceito pode ser representado de diversas maneiras. Assim, se historicamente cometemos o erro de enfatizar apenas o material concreto no estudo dos conceitos matemáticos, cabe agora a nós educadores revermos este aspectos e trabalhar com diferentes representações. Nesta direção, passamos, então, a analisar o uso de gráficos e sua contribuição para o ensino e aprendizagem dos conceitos matemáticos.

A representação gráfica na sala de aula...

Tendo os Parâmetros Curriculares Nacionais, em 1997, recomendado o trabalho com tratamento de informação nas séries iniciais, será que era possível desenvolver um trabalho com gráficos envolvendo crianças pequenas? Como poderia ser realizado?

Para planejar este trabalho, inicialmente, direcionei meu interesse para compreender a importância dos gráficos na Educação Matemática. Era fundamental entender por que trabalhar com gráficos valia a pena do ponto de vista educacional e que dificuldades as crianças encontravam ao lidar com esta representação. De certa forma, coloquei-me no lugar do professor do Ensino Fundamental que, com a recomendação dos PCNs para que o trabalho com tratamento da informação fosse realizado desde as séries iniciais, viu-se com mais um bloco de conteúdos para dar conta, o qual, muitas vezes, não tinha sido abordado em sua formação inicial.

De modo geral, gráficos possibilitam a apresentação da informação numérica em um modo visual e organizam diversas informações em um espaço bidimensional cartesiano. Desta forma, a construção/interpretação de gráficos implica na transformação de informações de um sistema simbólico (por exemplo, linguagem natural, banco de dados) para um outro sistema simbólico (o gráfico). Assim, o gráfico é uma ferramenta que permite a organização e análise de informações complexas de uma forma clara e coerente. Ainda devemos salientar que o trabalho com tratamento de informação, incluindo-se o uso de gráfico na organização/análise das informações, permite a integração da Matemática com outras disciplinas escolares e com o conhecimento cotidiano da criança.

Como dissemos antes, era fundamental também considerar as dificuldades que as crianças apresentam relacionadas ao uso do sistema cartesiano (Bell e Janvier, 1981; Ainley, 2000). Estas dificuldades constatadas por diversos autores são relativas tanto ao processo de construção de gráficos (a construção da escala, dos eixos, a definição de uma unidade de representação única para o gráfico), como ao processo de interpretação de gráficos (compreensão de comparações de dados, totalização de informações considerando um determinado intervalo de tempo etc.). Observando estas dificuldades relativas à interpretação dos dados em um gráfico, consideramos que seria interessante atrelar o trabalho realizado com as estruturas aditivas à representação gráfica, permitindo às crianças ampliarem a compreensão sobre esta representação no âmbito das estruturas aditivas.

O próximo passo foi definir os problemas de estrutura aditiva que iríamos trabalhar. Este aspecto, a que muitas vezes o professor não dedica tanta atenção, é fundamental: a existência de diferentes tipos de problemas que podem ser solucionados por meio de adições e subtrações e que implicam na compreensão de diferentes relações entre os dados envolvidos no problema. Tais problemas, por sua vez, geram diferentes dificuldades para as crianças. Passamos, então, a uma breve análise do campo das estruturas aditivas.

Problemas de estrutura aditiva

Em relação aos tipos de problemas de estrutura aditiva, de modo geral, encontramos quatro classes de problemas: combinação, mudança, comparação e igualização (Carpenter e Moser, 1982; Rilley, Greeno e Heller, 1982; Fenemma e Carpenter, 1991):

1. Problemas que envolvem mudança, transformação: implicam uma ação direta que causa um aumento ou decréscimo dessa quantidade. A incógnita pode ser a quantidade inicial, a transformação da quantidade ou o resultado final.

Exemplos de incógnita no resultado final:

João tinha 8 carrinhos. Ganhou mais 6 de sua mãe. Quantos carrinhos João tem agora?

João tinha 8 carrinhos. Quebraram 6 carrinhos. Quantos carrinhos João tem agora?

Exemplos de incógnita na transformação:

João tinha 8 carrinhos. Ganhou mais alguns de sua mãe. João tem agora 14 carrinhos. Quantos ele ganhou de sua mãe?

João tinha 8 carrinhos. Quebraram alguns carrinhos. João tem agora 2 carrinhos. Quantos carrinhos quebraram?

Exemplos de incógnita na quantidade inicial:

João tinha alguns carrinhos. Ganhou mais 6 de sua mãe. João tem agora 14 carrinhos. Quantos ele tinha antes?

João tinha alguns carrinhos. Quebraram 6 carrinhos. João tem agora 2 carrinhos. Quantos ele tinha antes?

2. Problemas que envolvem combinação: implicam relações estáticas entre uma quantidade e suas partes. A incógnita pode ser o todo ou uma das partes.

Exemplo de todo desconhecido:

Em uma partida de voleibol estão jogando 8 meninos e 6 meninas. Quantas crianças estão jogando vôlei?

Exemplo de parte desconhecida:

Em uma partida de voleibol estão jogando 14 crianças. São 8 meninos. Quantas meninas estão jogando?

3. Problemas que envolvem comparação: implicam a comparação entre duas quantidades. A incógnita pode ser a diferença a ser encontrada ou uma das quantidades.

Exemplos da diferença como sendo a incógnita:

Pedro tem 8 carrinhos e João tem 6 carrinhos. Quantos carrinhos Pedro tem a mais do que João? Outra questão poderia ser: Quantos carrinhos João tem a menos do que Pedro?

Exemplo da incógnita sendo uma das quantidades:

João tem 6 carrinhos. Ele tem 2 a menos (poderia também ser 2 a mais) do que Pedro. Quantos carrinhos Pedro tem?

João tem 6 carrinhos. Pedro tem 2 a menos (poderia também ser 2 a mais) do que ele. Quantos carrinhos Pedro tem?

4. Problemas que envolvem igualização: implicam a mudança de uma das quantidades para que uma comparação (uma igualdade) seja estabelecida. Dois subtipos de problemas são possíveis: quantidade desconhecida ou relação desconhecida.

Exemplo com relação desconhecida:

Maria tem 8 botões vermelhos e 6 azuis. Quantos botões azuis ela precisa comprar para que fique com a mesma quantidade de botões vermelhos?

Exemplo com uma das quantidades desconhecida:

Maria tem 8 botões vermelhos. Se ela perder 2 ficará com a mesma quantidade de botões azuis e vermelhos. Quantos botões azuis ela tem?

As variações do lugar da incógnita são bastante importantes, pois para a criança pequena cada uma destas mudanças gera um problema diferente, podendo envolver, por sua vez, estratégias distintas de solução. Além deste aspecto, também devemos considerar os diferentes cálculos propostos a partir de cada problema. O cálculo numérico refere-se à conta que é feita para resolução do problema, enquanto que o cálculo relacional refere-se às operações de pensamento necessárias para a resolução do problema. Esta distinção entre cálculo numérico e relacional, proposta por Vergnaud (1982), ajuda-nos a entender por que problemas que muitas vezes requerem o mesmo cálculo numérico apresentam diferentes níveis de dificuldade para as crianças.

No estudo que iremos descrever adiante, trabalhamos com dois tipos de problemas aditivos: combinação e comparação. O motivo para escolha destes problemas foi o fato de que os estudos empíricos mostravam diferenças no desempenho das crianças na resolução destes tipos de problemas. Enquanto que a literatura mostrava que problemas de combinação são facilmente resolvidos por crianças bastante pequenas, quando envolvendo objetos manipuláveis e números pequenos (Hughes, 1986; Carpenter e Moser, 1982; Riley, Greeno e Heller, 1983), maiores dificuldades têm sido observadas quando tais problemas são resolvidos através de gráficos de barras (Santos e Gitirana, 2001; Guimarães, 2002). No caso dos problemas de comparação, a literatura tem mostrado maiores dificuldades na resolução de tal tipo de problema (Riley, Greeno e Heller, 1983; Pessoa e da Rocha Falcão, 1999; Santos e Gitirana, 2001; Guimarães, 2002).

Partindo destas pesquisas, desenvolvi dois estudos com crianças da Educação Infantil com o objetivo de investigar a resolução de problemas através de gráficos de barras. Uma hipótese inicial era que a resolução de problemas com uso de objetos concretos poderia auxiliar a resolução de problemas em gráficos de barras. Esta hipótese se baseava no fato de que a representação concreta era mais familiar para a criança, desta forma se conseguíssemos que a criança percebesse que poderia usar os mesmos esquemas de raciocínio no gráfico, então teríamos um efeito positivo na resolução dos problemas apresentados por meio de gráficos. Este, então, constituiu-se no primeiro estudo realizado, descrito a seguir. O segundo estudo ampliou os resultados observados no estudo inicial, discutindo intervenções que podem ser propostas em sala de aula para trabalhar com gráficos de barras e resolução de problemas.

Verificando como blocos podem auxiliar a resolução de problemas apresentados em gráficos...

Como afirmei anteriormente, o objetivo deste primeiro estudo foi verificar se o trabalho com blocos de encaixe poderia auxiliar a resolução de problemas apresentados por meio de gráficos de barras.

Trabalhamos com 24 crianças da Alfabetização (16 do sexo feminino e 8 do sexo masculino), com idade média de 6 anos e 6 meses, de uma escola da rede pública do Recife. Nenhuma das crianças havia trabalhado com gráficos na escola.

As crianças foram organizadas em duplas do mesmo sexo e desenvolveram atividades durante sete encontros com o pesquisador, que foram videografados. Nos primeiros encontros as duplas trabalharam com blocos de encaixe, como os da Figura 1.

FIGURA 1
Blocos utilizados

Uma questão com que nos deparamos em sala de aula referiu-se à dificuldade em resolver problemas a partir de gráficos. Por que isso acontece? Levantamos dois aspectos que podem justificar as dificuldades apresentadas: 1) o fato de que as crianças não percebem que podem usar os conhecimentos de que já dispõem para resolver aqueles problemas colocados, e 2) as crianças se deparam com dificuldades intrínsecas à própria representação gráfica. Partindo destes aspectos, desenvolvemos várias atividades envolvendo a resolução de problemas de estrutura aditiva usando blocos de encaixe inicialmente e depois, passando a trabalhar com os próprios gráficos. Desta forma, esperávamos favorecer conexões entre uma representação que as crianças já conheciam (material concreto) com outra mais desconhecida (gráficos). Ao mesmo tempo, poderíamos analisar as dificuldades surgidas apenas quando estivessem trabalhando com gráficos.

Um exemplo de problema bastante trabalhado em nossa intervenção foi o problema de comparação que, como já dissemos, a literatura mostra como mais difícil para as crianças. Os problemas usados no estudo surgiram depois de alguns dias de observação nas salas de aulas da escola, em que verificamos quais as situações mais rotineiras para as crianças que poderiam servir no nosso trabalho de resolução de problemas. Um exemplo de problema utilizado no estudo foi: "Quantos dias Joana faltou a mais do que Maria?"

FIGURA 2
Faltas de Maria e Joana

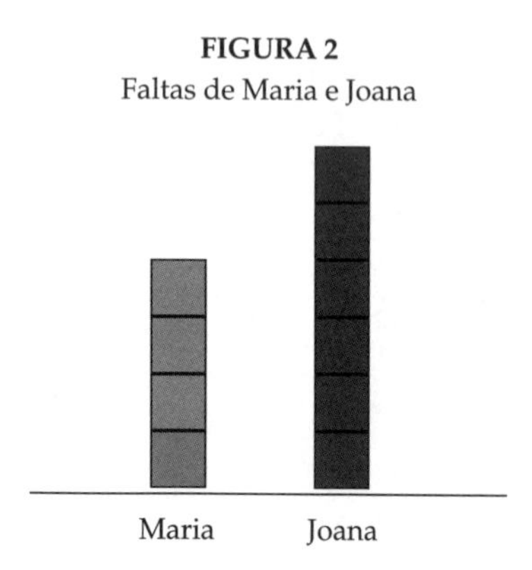

Este problema trabalhado com blocos como mostrado na Figura 2, favorecia diversas estratégias da criança: comparar as colunas, acrescentar à coluna menor os blocos que faltavam para ficar igual à coluna maior, retirar blocos da coluna maior até igualar com a menor. O fundamental é que fazíamos uma intervenção no sentido de enfatizar para a criança a igualdade inicial existente. Ou seja, no caso deste problema (Figura 2), colocávamos inicialmente quatro blocos para cada criança e perguntávamos se ambas as crianças tinham faltado a mesma quantidade de dias. Depois da igualdade ter sido enfatizada, era dito que Joana faltou mais dois dias e acrescentado dois blocos na coluna referente às faltas de Joana, sendo então feita, a pergunta sobre quantos dias Joana faltou a mais do que Maria.

Este tipo de intervenção já tinha dado resultados promissores no estudo de Nunes e Bryant (1997) e também repercutiu positivamente em nosso estudo. O próximo passo do estudo foi, então, discutir esse tipo de problema a partir de uma representação gráfica bidimensional. Os resultados também foram bastante positivos. As crianças muitas vezes relacionaram as estratégias usadas no trabalho com blocos para resolver problemas no gráfico. Vejamos um exemplo:

P: Quantos pintos tem a mais do que cachorros?

R: (Faz limites entre as unidades da barra do pinto e cobre com a mão o tamanho correspondente à barra do cachorro.) *Um, dois, três pintos* (contando as unidades visíveis).

FIGURA 3
Gráfico de animais no sítio — dupla R e L

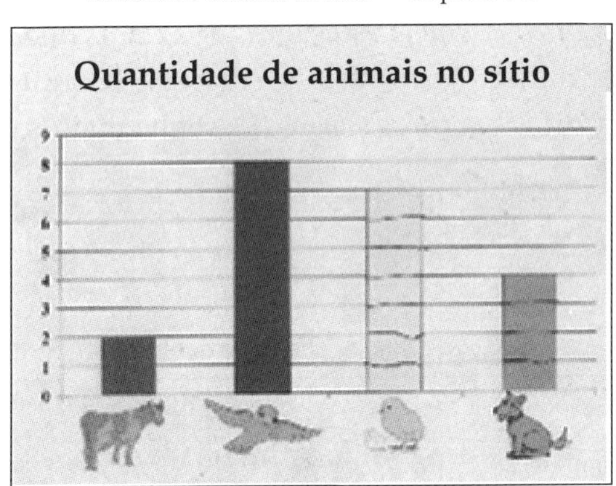

Esse extrato de protocolo sugere que o trabalho com blocos de encaixe, tal como proposto, pode auxiliar as crianças a compreenderem alguns aspectos da representação gráfica. Neste caso, a possibilidade de visualização e manipulação das unidades que constituíam as barras de blocos pareceu auxiliar a dupla a manipular com mais flexibilidade os dados representados nos gráficos, na medida em que as barras de um gráfico geralmente são colunas uniformes, sem delimitações das unidades constituintes. Essa estratégia foi também usada espontaneamente em problemas apresentados posteriormente.

A conexão entre os blocos e os gráficos também favoreceu a compreensão das crianças na resolução de problemas de combinação. Vejamos a dupla R e F resolvendo um problema deste tipo no gráfico de animais no sítio Figura 4:

P: Quantos animais têm ao todo?

R: Se botar esse aqui (barra do boi) *aqui em cima* (passarinho), *dá sete. Se botar esse outro em cima* (pinto), *dá dez. E esse outro em cima* (cachorro), *onze.* (R: resolve usar a mesma estratégia que usava com os blocos, de superpor as colunas.)

F: Peraí. Se botar esses dois em cima (barra do boi em cima da barra do passarinho), *fica nove, dez.*

R: Se botar o pinto dá 11.

F: Com pinto dá 20 ... Vou fazer as peças. (Faz dois quadrados em cima da barra do passarinho). *A vaca, dez. Agora é sete.* (Continua desenhando quadrados na barra). *E quatro cachorros* (Desenha mais quatro quadrados e conta tudo.) *21.*

FIGURA 4
Gráfico de animais no sítio — dupla F e R

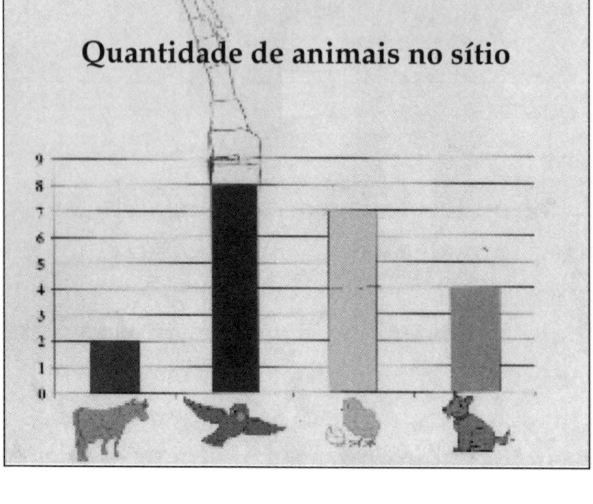

Neste exemplo, observamos dificuldades em lidar com a representação bidimensional do gráfico, entretanto a relação com os problemas resolvidos com o apoio de blocos pareceu ter auxiliado a superação de tal dificuldade.

Ainda que tenhamos observado que a construção de conexões entre o trabalho com gráficos e com blocos parecesse auxiliar as crianças, tais conexões nem sempre eram realizadas com sucesso, mesmo com a intervenção do pesquisador. Afirmar este aspecto é importante para não se deduzir que basta se trabalhar com o concreto para garantir a compreensão do gráfico. É fundamental ao educador refletir também sobre a própria representação gráfica e suas especificidades. Algumas crianças, apesar de resolverem corretamente quando os problemas eram apresentados com os blocos, tinham dificuldades com os gráficos, na medida em que não podiam usar as mesmas estratégias, como por exemplo, uma dupla de crianças chamadas Aparecida e Paloma que verificavam quantos eram ao todo juntando todas as colunas de blocos em uma grande coluna. Quando esta dupla foi resolver no gráfico, não conseguiu transpor todas as colunas para uma única (no papel as colunas não são móveis!), apresentando ainda dificuldades em completar a escala que estava desenhada para corresponder à soma da frequência das colunas do gráfico. Assim, a estratégia que era tão simples quando se usava blocos, pois era só encaixar as colunas e contar os blocos, no caso do gráfico se revestia de maiores dificuldades.

O que se pode concluir a respeito do uso de diferentes representações na compreensão de gráficos?

Inicialmente enfatizamos a importância de que os gráficos não podem ser apresentados de forma isolada, como se fossem um conteúdo à parte, sem relação com os demais. Muito ao contrário. É fundamental que as crianças percebam que podem usar conhecimentos de que já dispõem para trabalhar com a resolução de problemas no gráfico. Assim, o trabalho com gráfico deve estar presente ao se trabalhar com as estruturas aditivas, estruturas multiplicativas etc. As representações apresentadas para as crianças devem ser variadas, possibilitando conexões e permitindo que analisem em que situações é melhor usar uma determinada representação e em que situações é melhor usar outra.

Entretanto, ao trabalhar com gráficos, o professor deve ter uma preocupação em discutir as especificidades da representação gráfica com as crianças, ou seja, o papel da escala, dos eixos, das unidades de representação do gráfico etc. As dificuldades apresentadas pelas crianças ao resolverem problemas envolvendo a representação gráfica são indicadores importantes sobre que aspectos conceituais precisam ser mais explicitados pelo professor.

Também queremos realçar a importância do trabalho em duplas ou grupos, que favorece a discussão e troca de conhecimentos entre as crianças.

Diante desses resultados, surgiu uma nova questão relativa a como integrar no ensino o trabalho com blocos e com gráficos. Assim, desenvolvi o segundo estudo, que descreverei a seguir.

Intervindo na compreensão de gráficos...

Com o objetivo de analisar diferentes metodologias para trabalhar com gráficos, desenvolvi um estudo com 27 crianças da Alfabetização e 30 da primeira série do Ensino Fundamental, com idades entre 6 e 8 anos, de uma escola da rede privada da cidade do Recife. As crianças resolveram problemas de combinação e comparação, a partir de diferentes condições de ensino: no Grupo 1 a intervenção consistia em trabalhar com problemas verbais com desenhos e problemas com gráficos, no Grupo 2 envolvia problemas apenas com gráficos e o Grupo 3 trabalhou apenas com contas. Os Grupos 1 e 3 também tinham à disposição, em metade dos problemas, blocos de encaixe para utilizar, se assim o quisessem.

Como pode ser visto, os grupos envolvidos retratam diferentes formas que se tem de propor o trabalho com gráficos: de forma integrada aos problemas verbais e material concreto que já são mais conhecidos das crianças, ou de ensinar gráficos de forma separada. O terceiro grupo, que trabalhava com contas, também usava material concreto, de forma que pudéssemos verificar se era a simples presença de material concreto que auxiliava as crianças na resolução dos problemas.

Antes de realizar a intervenção todos os grupos resolveram uma série de 30 problemas de estrutura aditiva (pré-teste). Esta mesma série foi resolvida também após a intervenção, para avaliar o efeito da mesma (pós-teste). Como uma queixa comum de professores é o fato de que após algum tempo a criança "esquece" o que foi aprendido, resolvemos também solicitar a resolução desta série de 30 problemas após oito semanas, para ver se tinha havido realmente retenção do conhecimento (sendo este denominado pós-teste posterior). Durante o pré-teste e o pós-testes (imediato e posterior), as crianças não tiveram nenhum tipo de material manipulativo para auxiliá-las em seus cálculos.

Os problemas propostos às crianças variaram quanto à estrutura (combinação e comparação) e quanto à forma de representação (problemas verbais-pictóricos[1] e gráficos). As Figuras 5 e 6 mostram exemplos de problemas.

FIGURA 5
Problema de comparação, verbal-pictórico

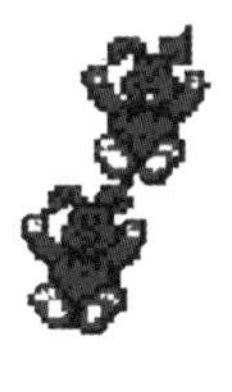

Uma loja tem 6 ursinhos e 2 coelhinhos de pelúcia para vender. Quantos ursinhos tem a mais do que coelhinhos?

1. Problemas verbais com desenhos correspondentes às quantidades descritas no enunciado do problema.

FIGURA 6
Problema de combinação, gráfico

Quantidade de brinquedos

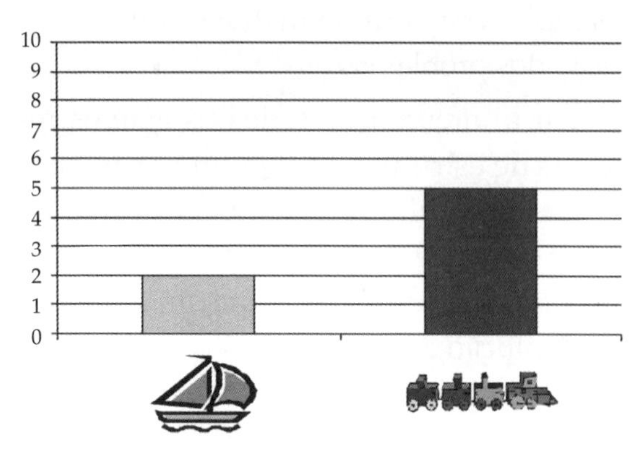

Quantos binquedos têm ao todo?

Os problemas do pré e pós-testes foram lidos para a classe pelo pesquisador, de forma a eliminar possíveis efeitos de dificuldades de leitura dos enunciados. Estes foram apresentados em sessões coletivas na sala de aula (grupo classe completo), sempre com a presença do professor na leitura da questão.

A partir dos resultados do pré-teste, na resolução dos problemas antes da intervenção, as crianças foram emparelhadas e distribuídas em três grupos que foram submetidos a intervenções distintas envolvendo a resolução de 27 problemas (9 de combinação e 18 de comparação), apresentados da mesma forma que no pré e pós-testes, em sessões envolvendo cada um dos grupos. Assim, no Grupo 1, os problemas podiam ser apresentados com desenhos de blocos ou gráficos, enquanto que no Grupo 2 os problemas sempre foram apresentados por meio de gráficos. A atividade realizada com o Grupo 3, denominado Grupo Controle, consistiu na resolução de contas de adição e subtração envolvendo os mesmos pares numéricos trabalhados nos outros dois grupos. Durante cerca de metade da intervenção as crianças do Grupo Bloco-Gráfico e do Grupo Controle tiveram blocos para auxiliá-las na resolução dos problemas.

A presença deste Grupo 3, que não resolveu problemas nem com desenhos, nem com gráficos, era importante como base para afirmarmos que possíveis melhores desempenhos dos grupos que trabalharam com gráficos ou bloco-gráfico se deviam aos efeitos da intervenção realizada e não a efeitos de maturação, aprendizagem escolar ou familiarização com o próprio instrumento de avaliação utilizado.

Durante a intervenção, as crianças foram solicitadas a discutir suas estratégias e puderam ver uma estratégia possível e a resposta correta, no ambiente do computador, havendo também explicações por parte do professor. Os pares numéricos utilizados foram os mesmos para todos os grupos e envolviam em todos os problemas valores menores que dez.

Qual o efeito das intervenções propostas?

A análise do desempenho entre a Alfabetização e a primeira série mostrou em todas as fases que as crianças da primeira série se saíram melhor do que as da Alfabetização. Estes dados refletem não apenas o desenvolvimento maturacional das crianças, mas também um efeito da escolaridade sobre o desempenho em Matemática. Seria realmente muito preocupante se as crianças mais novas apresentassem desempenhos muito superiores na resolução dos problemas propostos às crianças mais velhas e com mais tempo de escolarização!

Em relação às intervenções propostas relativas ao trabalho com gráficos, observamos no pré-teste desempenhos semelhantes entre os grupos (média de 14,32 no Grupo Bloco-Gráfico, 14,42 no Grupo Gráfico e 14,42 no Grupo Controle). No pós-teste imediato, observamos avanços superiores dos grupos que trabalharam com blocos e gráficos e só com gráficos (o Grupo Bloco-Gráfico obteve uma média de acerto de 18,89, o Grupo Gráfico obteve 17 e o Grupo Controle, 14). No pós-teste posterior o Grupo Bloco-Gráfico obteve uma média de acertos de 20,84, o Grupo Gráfico, 17,68 e o Grupo controle, 15,79.

Estes resultados indicam que quando se relacionou os gráficos aos problemas verbais, obtivemos desempenhos melhores do que quando se trabalhou apenas com contas. Da mesma forma, o trabalho com gráficos também foi mais efetivo do que apenas com contas. Este primeiro resultado indica que é necessário a criança estar exposta à representação gráfica para que a mesma possa adquirir significado para ela. Assim, reforça a necessidade de se ampliar os tipos de representações trazidos para a sala de aula, mostrando que os gráficos devem estar presentes nas aulas de Matemática.

Considerando o trabalho apenas com gráfico e com gráfico integrado a problemas verbais, os resultados do pós-teste posterior são mais conclusivos, na medida em que mostraram que após oito semanas as crianças que trabalharam de forma integrada (gráficos e problemas) mantiveram o desempenho superior observado no pós-teste realizado imediatamente após a intervenção.

Esses resultados são ilustrados pelo Gráfico 1, que compara a média de acerto do pré, pós-teste imediato e pós-teste posterior por grupo.

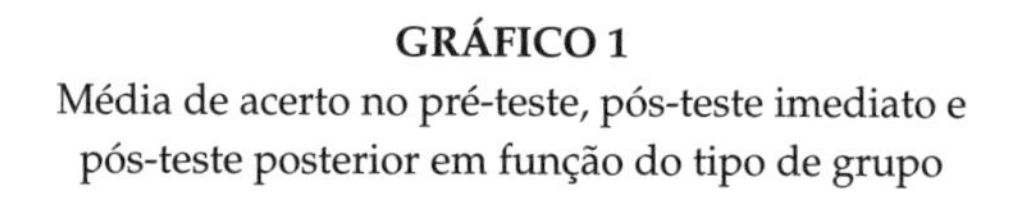

GRÁFICO 1
Média de acerto no pré-teste, pós-teste imediato e pós-teste posterior em função do tipo de grupo

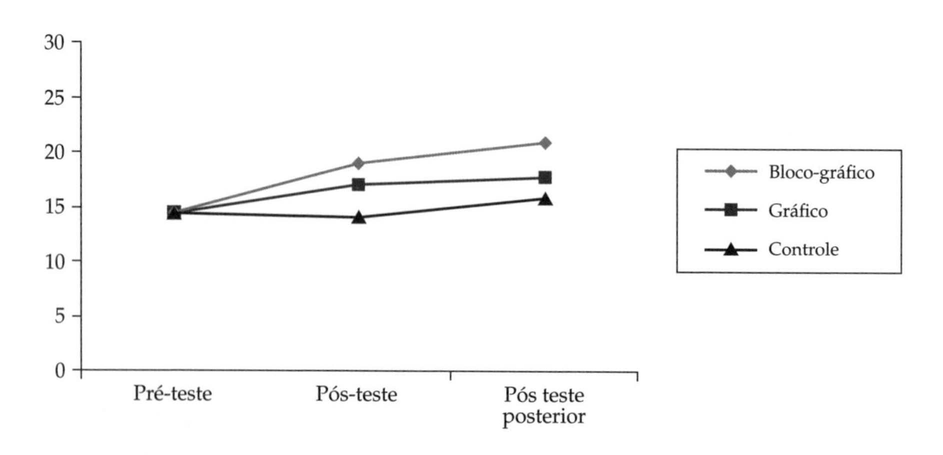

A partir desses resultados, surgiu uma nova questão: mas será que os desempenhos da Alfabetização e da primeira série foram semelhantes ou não? Os Gráficos 2 e 3, a seguir, apresentam esses resultados.

GRÁFICO 2
Média de acerto no pré-teste, pós-teste imediato e pós-teste posterior em função do tipo de grupo na Alfabetização

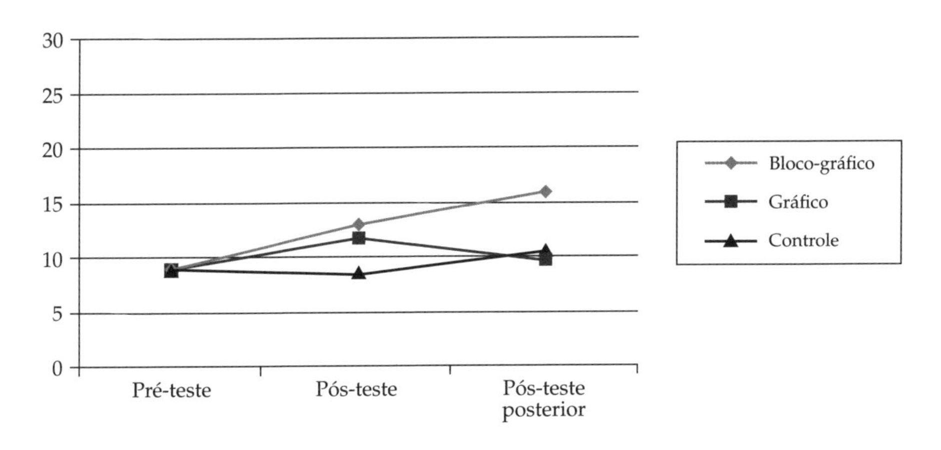

GRÁFICO 3
Média de acerto no pré-teste, pós-teste imediato e pós-teste posterior em função do tipo de grupo na primeira série

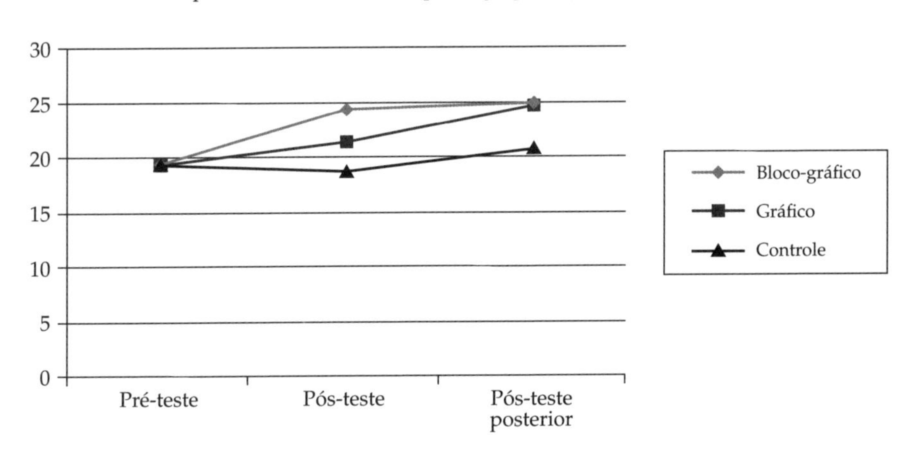

É interessante notar que o Grupo Gráfico na Alfabetização apresenta uma queda de desempenho no pós-teste após oito semanas, comparado ao desempenho no pós-teste imediato. Na primeira série, esse mesmo grupo mostrou um padrão de desempenho diferente, verificando-se um acentuado avanço no pós-teste posterior.

Considerando isoladamente a Alfabetização, as médias de acerto observadas no pós-teste imediato foram 13 no Grupo Bloco-Gráfico, 11,89 no Grupo Gráfico e 8,78 no Grupo Controle (veja Gráfico 2). A média de acerto obtida no pós-teste realizado após oito semanas, no Grupo Bloco-Gráfico foi 16, do Grupo Gráfico, 9,67 e no Grupo Controle, 10,33.

Em suma, na Alfabetização, ao se comparar o desempenho no pós-teste posterior em relação ao pós-teste imediato, observa-se uma queda acentuada no desempenho do grupo que trabalhou apenas com gráficos, diferentemente do grupo que trabalhou com gráficos e problemas verbais, que manteve os resultados nas duas avaliações realizadas. Dessa forma, embora a aprendizagem com problemas verbais e gráficos ou apenas com gráficos tenha apresentado um efeito positivo no desempenho, o trabalho com problemas verbais e gráficos propiciou que esta aprendizagem fosse demonstrada por um período maior de tempo.

Na primeira série, as médias obtidas pelos grupos no pós-teste imediato foram: 24,2 o Grupo Bloco-Gráfico, 21,6 o Grupo Gráfico e 18,7 o Grupo Controle. Comparando as médias do pós-teste posterior, encontramos maiores diferenças de desempenho apenas na comparação do grupo que trabalhou com problemas verbais e gráficos e aquele que apenas resolveu contas. As outras diferenças de desempenho observadas não são significativas. Esses dados podem ser mais bem observados no Gráfico 3. Assim, diferentemente da Alfabetização, na primeira série observou-se efeito imediato na aprendizagem apenas quando as crianças eram ensinadas através de problemas verbais e gráficos.

Para compreender melhor a queda de desempenho observada no Grupo Gráfico na série de Alfabetização, realizamos uma análise mais refinada nessa série considerando as variáveis *tipo de problema* (combinação e comparação) e *apresentação dos problemas* (problema verbal-pictórico, gráfico com linhas de grade e gráfico sem linhas de grade).

Em relação à variável **tipo de problema,** observamos, no Grupo Gráfico, um avanço no desempenho nos problemas de comparação no pós-

-teste imediato (médias de 2,33 no pré-teste e 4,56 no pós-teste) que, entretanto, não foi mantido após oito semanas, no pós-teste posterior (média de acerto: 3). Este resultado mostra que a média de acerto na resolução de problemas de comparação no Grupo Gráfico melhorou apenas imediatamente após a intervenção, mas não se constituiu em um conhecimento realmente duradouro, havendo um decréscimo na média de acerto após oito semanas. Este resultado não foi observado no grupo que trabalhou com problemas verbais e gráficos, em que a média de acerto em problemas de comparação obtida imediatamente após a intervenção foi mantida após oito semanas. Assim, quanto aos problemas de comparação, os efeitos da intervenção que trabalhou com blocos e gráficos foram mais duradouros do que os da intervenção na qual se trabalhou apenas com gráficos.

Em relação aos problemas de combinação observaram-se efeitos positivos da intervenção imediata em ambos os grupos experimentais, não se constatando melhora ou queda significativa após oito semanas.

A análise da variável *apresentação dos problemas* também nos dá algumas pistas sobre o desempenho do Grupo Gráfico observado na série de Alfabetização. Após a intervenção, observamos, no pós-teste imediato, desempenhos superiores em problemas envolvendo todas as formas de apresentação, mas, especialmente, nas de gráficos. Esses desempenhos, entretanto, não foram mantidos na avaliação realizada após oito semanas, verificando-se uma queda na resolução de problemas com gráficos.

Os resultados que acabamos de apresentar acima, parecem mostrar que a intervenção do grupo que trabalhou apenas com gráficos da Alfabetização teve um efeito imediato nos problemas de comparação com gráficos, mas que esse conhecimento não foi duradouro, pois após oito semanas observamos, nesses mesmos problemas, uma queda acentuada no desempenho das crianças.

O que se pode concluir quanto ao ensino de gráficos na escola?

Os resultados obtidos mostraram que é possível trabalhar com gráficos nas séries investigadas, sendo esta representação mais um recurso para a resolução de problemas aditivos. Entretanto, os dados também mostraram que efeitos mais duradouros foram obtidos no trabalho com gráficos, principalmente entre as crianças menores, quando estes apareceram articulados à uma representação mais familiar para as crianças, no caso, problemas verbais e blocos.

Embora tenhamos observado os avanços relatados acima, que mostram que a intervenção produziu efeito positivo sobre o desempenho, ainda constatamos a persistência de algumas dificuldades na resolução de problemas de comparação, principalmente na série da Alfabetização e com uso do suporte gráfico. Esses dados parecem confirmar que estabelecer conexões entre diferentes representações não é algo fácil e simples para as crianças, enfatizando a importância de considerar também as especificidades de cada representação.

O fato de termos tido apenas uma sessão de intervenção/discussão com as crianças sobre suas estratégias para lidar com os problemas e tipos de representação utilizados no estudo pode ajudar a explicar o pequeno avanço observado, principalmente na série da Alfabetização.

Uma questão que nos fazemos é sobre o que pode ter contribuído para favorecer as crianças dos Grupos Bloco-Gráfico e Gráfico, especialmente as do Grupo Bloco-Gráfico: será que foi a possibilidade de manipulação dos blocos na resolução dos problemas? Esta hipótese não nos parece consistente, pois as crianças do Grupo Bloco-Gráfico, ainda que tivessem os blocos à disposição, não eram obrigadas a usá-las. Nossas observações da sala durante a intervenção consideraram que apenas aproximadamente metade das crianças utilizou os blocos em algum dos problemas, ainda que algumas crianças e o próprio experimentador tenham usado blocos como apoio para as explicações sobre os problemas resolvidos. Um trecho da intervenção na 1ª série que ilustra esse aspecto é o seguinte:

> Problema: Gráfico com linhas de grade com duas barras representando girassóis (três) e rosas (cinco). A pergunta do problema era: Quantas rosas tem a mais do que girassóis?
>
> Crianças (Mostram placas com dois e cinco como respostas)

Pesquisador: Vamos ver... (A estratégia é mostrada na tela: aparecem duas linhas que vão do limite superior das barras até a escala. Em seguida escurece o pedaço da barra maior que não está em correspondência com a barra menor. Números aparecem para contar os espaços escurecidos, surgindo a resposta por escrito.) Duas rosas a mais.

(Vibração das crianças)

Pesquisador: Quem pode explicar porque a resposta foi "duas rosas"? ... Diga (dirigindo-se a João).

João: Porque três mais dois é cinco.

Mário: Tem dois para cima (na coluna da rosa).

Pesquisador: Jóia. Tinha três girassóis e cinco rosas. Tem duas rosas a mais. (Mostra no gráfico e pega duas colunas de três e cinco blocos.) Como a gente resolveu antes com os blocos. Vejam, se tirar dois daqui (tira da coluna de cinco) fica o mesmo tanto. Ou, se botar dois aqui (acrescenta dois à coluna menor) fica o mesmo tanto. Assim, comparando a quantidade de rosas com girassóis tem duas rosas a mais do que girassóis (mostrando os blocos da coluna maior que não estavam em correspondência com os blocos da coluna menor). Agora aqui no gráfico...três girassóis e cinco rosas. Até aqui era o mesmo tanto de girassóis e rosas, três (mostra a linha referente a três). Se tirar dois daqui (coluna maior) fica o mesmo tanto ou se botar dois aqui também fica a mesma quantidade. Tem duas rosas a mais do que girassóis.

Considerando o uso de blocos, ainda é importante lembrar que as crianças do Grupo controle também tiveram blocos à disposição e nem por isso apresentaram bons desempenhos. Assim, ainda que blocos tenham sido utilizados por algumas crianças, não nos parece o suficiente para afirmar que os blocos foram o fator crucial para o melhor desempenho do Grupo Bloco-Gráfico.

Parece mais consistente considerar que o que auxiliou as crianças dos grupos que trabalharam com gráfico e, especialmente, com gráficos e problemas verbais foi o fato destas últimas terem trabalhado problemas com blocos e com gráficos misturados na intervenção, o que lhes permitiu o estabelecimento de ligações mais funcionais entre essas duas formas de representação, uma já conhecida (problemas verbais-pictóricos) e outra à qual elas tinham tido até então pouco acesso na escola no contexto de resolução de problemas, os gráficos. Este aspecto seria favorável ao desempenho em ambos os tipos de problemas (comparação e combinação) enfocados no estudo.

Em relação às razões da queda observada no Grupo Gráfico no pós-teste posterior, constatamos que foi localizada na série de Alfabetização, basicamente na resolução de problemas de comparação que mobilizavam gráficos. Dessa forma, verificamos que os maiores avanços observados no pós-teste imediato, que foram justamente nesses problemas, não foram mantidos após oito semanas. Uma das possíveis razões para isso nos remete à hipótese anteriormente descrita que explica os melhores resultados do Grupo Bloco-Gráfico pela possibilidade do estabelecimento de relações entre representações já familiares com a representação gráfica e que não ocorreu na intervenção do Grupo Gráfico, durante a qual as crianças apenas resolveram problemas com gráficos. Possivelmente, a falta de conexões explícitas entre ambas as formas de representação foi mais sentida pela Alfabetização, uma vez que para as crianças da primeira série, que já apresentavam uma compreensão conceitual mais avançada dos problemas trabalhados, pode ter sido mais fácil desenvolver uma compreensão sobre gráficos.

Devemos, ainda, ressaltar que o que consideramos o aspecto mais importante da intervenção foi a possibilidade que as crianças tiveram de discutir aspectos da representação gráfica (ambos os grupos experimentais), suas estratégias de resolução de problemas e, ainda, no caso do Grupo Bloco-Gráfico, de relacionar tal representação a outras representações mais familiares, tal como a resolução de problemas verbais com manipulativos, possibilitando um possível estabelecimento de relações entre ambas as representações.

Estes dois estudos realizados não pretendem esgotar as formas de trabalhar com gráficos com crianças pequenas, mas refletem propostas bem-sucedidas de um trabalho de resolução de problemas no âmbito das estruturas aditivas, envolvendo gráficos de barras.

Os dados mostram a importância do professor estar atento para o uso de representações variadas na sala de aula, de procurar criar um ambiente propício para a explicação das estratégias usadas, da representação das mesmas. Deve, ainda, estimular a comparação entre tais estratégias de forma que a criança possa conhecer diferentes formas de resolver os mesmos problemas. Também deve propiciar a discussão de diferentes tipos de problemas em sala de aula, desde a Educação Infantil, ampliando a compreensão das crianças sobre as situações-problema de estrutura aditiva.

Este estudo ainda mostra que é possível realizar um trabalho com matemática desde a Educação Infantil que leve a criança a criar estratégias, relacionar dados, pensar matematicamente. Acreditamos que este é o caminho mais promissor para o desenvolvimento de um gostar da matemática, que dá sentido as ideias matemáticas e que estimula o aprender.

Esperamos que este capítulo tenha contribuído ao leitor/professor enfatizando a importância do uso de diversas representações em sala de aula, de modo a permitir que as crianças comparem tais representações, explorando-as. Outro aspecto que pareceu relevante em ambos os estudos foi o espaço permitido em sala de aula para que as estratégias das crianças fossem verbalizadas, comparadas, discutidas. Isto, juntamente com a sistematização do professor, pareceram contribuir de maneira efetiva para os resultados obtidos.

Referências bibliográficas

AINLEY, J. Exploring the transparence of graphs and graphing. *XXIV Proceedings of de Annual Meeting of the International Group for the Psychology of Mathematics Education (PME)*. Japan, 2000.

BELL, A.; JANVIER, C. The interpretation of graphs representing situations. *For the Learning of Mathematics*, v. 2, n. 1, p. 34-42, 1981.

BRASIL. *Parâmetros Curriculares Nacionais*: Matemática. Brasília: MEC/SEF, 1997.

CARPENTER, T. P.; MOSER, J. M. The development of addition and subtraction problem-solving skills. In: CARPENTER, T. P.; MOSER, J. M.; ROMBERG, T.

A. (Orgs.). *Addition and Subtraction*: a cognitive perspective. Hillsdale: Erbaum, 1982.

GRAVEMEIJER, K. P. E. *Development realistic mathematics education*. Utrecht: CD Press, 1994.

GUIMARÃES, G. L. *Interpretando e construindo gráficos de barras*. Tese de doutorado. Universidade Federal de Pernambuco, 2002.

FENEMMA, E.; CARPENTER, T. P. *Cognitively guided instruction reading*. Madison: Wiscosin Center for Education Research. University of Wiscosin, 1991.

HART, K. M. (1987). Practical work and formalisation, too great a gap. *Proceedings of the 11th International Conference for the Psychology of Mathematics Education*. Montreal.

HART, K. M.; SINKINSON, A. Forging the link between practical and formal mathematics. *Proceedings of the 12th International Conference for the Psychology of Mathematics Education*. Veszprem, 1988.

HUGHES, M. *Children and number*. Oxford: Basil Blackwell, 1986.

MEIRA, L. Making sense of instructional devices: the emergence of transparence in mathematical activity. *Journal for Research in Mathematics Education*, v. 29, n. 2, p. 121-142, 1998.

MOYER, P. S. Are we having fun yet? How teachers use manipulatives to teach mathematics. *Educational Studies in Mathematics*, v. 47, n. 2, p. 175-197, 2001.

MONTEIRO, C. E. F.; SELVA, A. C. V. Investigando a atividade de interpretação de gráficos entre professores do ensino fundamental. *Anais da 24ª ANPED — Associação Nacional de Pós-graduação e Pesquisa em Educação*. Minas Gerais: Caxambu, 2001.

NUNES, T. Systems of signs and mathematical reasoning. In: NUNES, T.; BRYANT, P. (Orgs.). *Learning and teaching mathematics: na international perspective*. London: Psychology Press, 1997.

______; BRYANT, P. Correspondência: um esquema quantitativo básico. *Psicologia: Teoria e Pesquisa*, v. 7, n. 3, p. 273-284, 1991.

PESSOA, C.; DA ROCHA FALCÃO, J. Estruturas aditivas: conhecimentos do aluno e do professor. *Anais do IV EPEM* — Encontro Pernambucano de Educação Matemática. Pernambuco: Recife, 1999.

RILEY, M. S.; GREENO, J. G.; HELLER, J. I. Development of children's problem-solving ability in arithmetic. In GINSBURG, H. P. (Org.). *The development of Mathematical thinking*. New York: Academic Press, 1982.

SANTOS, M.; GITIRANA, V. A interpretação de gráficos de barra, com variáveis numéricas, em um ambiente computacional de manipulação de dados. *Anais do Encontro de Pesquisa em Educação do Nordeste* (CD-ROM). Maranhão, 2001.

SELVA, A. C. V. Discutindo o uso de materiais concretos na resolução de problemas de divisão. In: SCHLIEMANN, A. D.; CARRAHER, D. (Orgs.). *A compreensão de conceitos aritméticos: ensino e pesquisa*. São Paulo: Papirus, 1998.

SOWELL, E. J. Effects of manipulative material in Mathematics instruction. *Journal for Research in Mathematics Education*, v. 20, n. 5, p. 498-505, 1989.

TIERNEY, C.; NEMIROVSKY, R. Children's spontaneous representations of changing situations. *Hands on!*, v. 14, n. 2,1991.

VERGNAUD, G. A classification of cognitive tasks and operations of thought involved in addition and subtraction problems. In CARPENTER, T. P.; MOSER, J. M. (Eds.), *Addition and Subtraction*: a Cognitive Perspective. New Jersey: LEA, 1982.

______. Multiplicative structure. In: LESH, R.; LANDAU, M. (org.) *Acquisition of Mathematics*: concepts and process. New York, Academic Press, 1983.

______. The nature of mathematical concepts. In: NUNES, T.; BRYANT, P. (org.). *Learning and teaching mathematics*: an international perspective. London: Psychology Press, 1997.

Capítulo 4

Categorização e representação de dados: o que sabem alunos do ensino fundamental?*

*Gilda Lisbôa Guimarães***

Este capítulo tem como objetivo refletir sobre a importância de trabalharmos na escola com representações em gráficos e tabelas. Hoje em dia convivemos com uma grande quantidade de informações que, para serem compreendidas, muitas vezes são organizadas em gráficos e tabelas, pois essas são maneiras de representar os dados de forma condensada e de rápida apreensão. Os meios de comunicação cientes dessas possibilidades, cada vez mais buscam utilizar gráficos e/ou tabelas, seja em jornais, revistas, **outdoors** ou televisão, como uma forma rápida, precisa e eficiente para veicular e organizar informações.

* O estudo descrito e analisado neste capítulo faz parte da tese de doutorado da autora, concluído na Universidade Federal de Pernambuco sob a orientação do Prof. Antonio Roazzi e da Profa. Verônica Gitirana.

** gilda@ufpe.br

Será que nossos alunos conseguem compreender essas representações? O que nós professores devemos fazer? Esse estudo buscou investigar como alunos das séries iniciais do Ensino Fundamental construíam e interpretavam gráficos e tabelas.

Comecei por observar que, no campo educacional, o ensino de estatística vem sendo colocado como um importante conteúdo a ser trabalhado no Ensino Fundamental. Em vários países, inclusive no Brasil, tem sido recomendado que a estatística seja incluída como componente do currículo escolar de Matemática.

Os Parâmetros Curriculares Nacionais discutem a importância da introdução do estudo de estatística já nas séries iniciais, argumentando que a coleta e representação dos dados são fontes de situações-problema reais, envolvendo contagem, números, medidas, cálculos e estimativas que favorecem a comunicação oral e escrita. Nesse documento encontramos uma concepção de ensino-aprendizagem que considera que as atividades com gráficos devem envolver procedimentos estatísticos impregnados pelo espírito de investigação e exploração, pois, em geral, neste tipo de atividade as conclusões levam a novas questões de investigação, gerando novas oportunidades para a sistematização de conhecimentos e a ampliação da visão que os alunos possuem sobre a matemática. De acordo com os PCNs, "a finalidade é que o aluno venha a construir procedimentos para coletar, organizar, comunicar e interpretar dados, utilizando tabelas, gráficos e representações que aparecem frequentemente em seu dia a dia" (p. 56).

No campo científico o ensino de estatística, ou mais precisamente a compreensão sobre representações em gráficos e tabelas, tem também se tornado mais importante nas últimas décadas, refletindo-se no crescente surgimento de publicações nacionais e internacionais, além de conferências internacionais de pesquisa na área.

O ensino de estatística vem sendo cada vez mais valorizado nas últimas décadas devido, exatamente, à sua importância na formação geral do cidadão. A estatística desde seu começo se apresentou como uma ciência interdisciplinar e grande parte de seu progresso se deu pela possibilidade de resolver problemas em campos diversos. Os alunos, como cidadãos, precisam saber o papel da estatística na sociedade, quais as questões nas quais a estatística pode ser útil e quais suas limitações.

Diante da ênfase que vem sendo dada hoje em dia para a importância dos alunos saberem pesquisar, saber classificar e sistematizar informações torna-se, então, fundamental trabalhar com representações em gráficos e/ou tabelas. Ponte, Oliveira, Brunheira, Varandas e Ferreira (1999), acreditando nessa importância, afirmam que toda atividade matemática rica envolve investigação incluindo reconhecimento da situação, formulação de questões, formulação de hipóteses, teste, argumentação, demonstração e avaliação.

Dessa forma, trabalhar com Matemática é trabalhar com situações-problema nas quais a Matemática é uma ferramenta que utilizamos para nos ajudar a solucionar os problemas. Assim, como muito tem sido dito, o papel do professor deixa de ser um *repassador* de conteúdos e passa a ser o de orientador na busca de melhores caminhos à solução desses problemas. Mas como saber qual é o melhor caminho? É buscando responder a essas questões que cada vez mais vem sendo estimulada a valorização do trabalho do professor enquanto pesquisador. Tem sido ressaltado que a partir de uma postura investigativa do professor, os alunos passam também a buscar informações para a construção do conhecimento que desejam. O fato de os alunos observarem o professor a investigar é extremamente importante para aprenderem, eles próprios, o modo de conduzir uma investigação.

Como argumenta Arouca (2001, p. 87), "pesquisa não é apenas aquela que se aprende no nível da educação institucional, não são títulos, nem publicações, mas é a atitude cotidiana do aprender a aprender, do saber pensar para melhor agir; a educação é um processo permanente; pesquisa é uma atitude que deve ser cotidiana".

A importância das classificações

O trabalho com informações a partir de uma visualização gráfica permite apresentar vários dados em um pequeno espaço. Entretanto, esses dados devem ser organizados em grupos, ou seja, é preciso utilizar uma classificação que permitirá comparações entre os mesmos. A partir desses diferentes grupos de dados, várias questões podem ser reveladas e podem ser exploradas, integrando descrições visuais e verbais. Por outro lado, a descrição de dados, a partir de formas visuais, exige que saibamos reconhecer suas convenções gráficas para podermos estabelecer relações entre os dados.

A representação de dados envolve a construção de formas visuais que podem ser organizadas de diferentes maneiras. Podemos representar os dados a partir de diferentes tipos de gráficos tais como barras, linhas, setores e etc. Cada tipo de representação pode ressaltar ou encobrir informações que desejamos relacionar ou apresentar.[1] A escolha das classificações ou das escalas utilizadas também depende dos objetivos de quem está construindo a representação, pois ao diminuirmos os intervalos de uma escala os valores se aproximam e se aumentamos eles se distanciam. Assim, se meu objetivo é mostrar que os valores são muito próximos devo escolher um intervalo pequeno, caso contrário devo escolher um intervalo bem grande. Como exemplo, podemos pensar os gráficos apresentados em campanhas eleitorais, nos quais um candidato que quer mostrar que a diferença de seu adversário que está na frente é pequena, normalmente escolhe uma escala com intervalos pequenos.

Assim, analisar e interpretar envolve compreender a forma como os dados foram organizados e apresentados, para podermos fazer interpretações, inferências e predições. É preciso discernir ordem/desordem, sentido/sem sentido dos dados e dados relevantes e irrelevantes. Assim, como afirma Curcio (1987), "ler entre os dados" é diferente de "ler através dos dados".

Diante da importância de trabalhar com representações gráficas e considerando a aprendizagem de representações gráficas como capacidade de transformar questões relativas às situações de vida em propriedades visuais e numéricas, nós, professores, temos que começar a propor atividades em nossas salas de aula.

---

1. Para maiores esclarecimentos quanto ao papel da representação simbólica, veja o capítulo 3 de Ana Selva neste livro.

Mas como trabalhar?

Como os alunos compreendem os vários tipos de gráficos?

Compreender gráficos é o mesmo que compreender tabelas?

Os alunos sabem construir gráficos e tabelas?

Quem sabe interpretar, sabe construir?

Escutar outros interpretando gráficos ajuda a compreensão?

Buscando contribuir com essa discussão resolvi estudar sobre esse tema. Analisei o que já vinha sendo publicado e percebi que, apesar dessa valorização, poucos eram os estudos que investigavam a compreensão de alunos do Ensino Fundamental em relação à interpretação e construção de representações gráficas.

Comecei, então, me perguntando o que seria necessário o aluno saber para construir um gráfico. Segundo Hancock (1991), para a construção de um gráfico é necessário que se estabeleça quais variáveis serão registradas e, para isso, é preciso que os alunos definam as variáveis e classifiquem os elementos segundo critérios.

E o que é classificar?

Para formar categorias com objetos, classificá-los e ordená-los em função das semelhanças e diferenças de suas propriedades é necessário um processo de abstração das características invariantes dos elementos, que só é possível relacionando as propriedades das classes entre si e das classes com o todo. Constituir as classes e elaborar conceitos a partir da identificação de propriedades comuns implica em um processo de inclusão hierárquica realizado através das operações do pensamento que vai sendo construído gradativamente pelos alunos. Estabelecer essas diferenças e semelhanças entre os objetos define a habilidade lógica da comparação, a qual possibilita a identificação das diversas propriedades. Vergnaud (1985) afirma que uma classe é o conjunto de elementos x que verificam a propriedade P (ex.: quadrado, azul, ter osso...). A relação "pertencer à mesma classe" é uma consequência da relação "tem a mesma propriedade".

Pode-se determinar, ainda, múltiplas propriedades para cada elemento ou ainda diferenciar as essenciais das não-essenciais. Para cada propriedade é preciso definir o descritor. Assim, azul é uma propriedade do objeto e cor é o descritor, ou quadrado é uma propriedade de certas formas planas e a forma geométrica é o descritor. Compreender a diferença entre a noção de propriedade e de descritor é importante, pois escolher os critérios, decidir como medir e nomear os padrões são ações estruturantes do pensamento dos alunos.

Entretanto, parece que classificar e estabelecer descritores vêm se apresentando como atividades difíceis para os alunos, como mostram os estudos de Falbel e Hancock (1993), Spavold (1989) e Lins (2000) com alunos de aproximadamente 10 anos de idade. Lins (1999) mostra, ainda, que em seu estudo com professorandas, essas também apresentavam dificuldades em classificar e, principalmente, em criar e nomear os descritores.

Essas dificuldades encontradas pelos alunos são consideradas por alguns autores, como Talizina (1987), Ribeiro e Nuñez (1997) e Guimarães (1995), como reflexo do ensino que não se preocupa com a formação desses procedimentos iniciais do processo lógico. Apesar de muitas das dificuldades observadas no estudo de diversas disciplinas terem sua origem na organização do pensamento lógico, a escola, em muitos casos, tem levado os alunos a reproduzirem classificações, sugerindo que existem formas fixas de classificar, em vez de trabalharem com a aprendizagem de classificar. Se tomarmos como exemplo o estudo dos animais, temos visto uma preocupação de vários professores de que seus alunos memorizem as características dos mamíferos, répteis, anfíbios... e seus representantes e não que compreendam a necessidade de classificarmos. Em muitos casos, tem sido considerado que quem não sabe essa categorização, não sabe classificar animais. Tal crença, além de desconsiderar as infinitas formas que podemos utilizar para classificar os animais em função de nossos objetivos, o que se está ensinando não é a classificar e sim uma classificação específica.

Saber organizar os elementos em categorias é uma habilidade lógica do pensamento fundamental de trabalharmos com nossos alunos. Devemos ainda, estimula-los a nomear as categorias, estabelecendo assim o descritor. Quando o aluno consegue nomear o descritor, ele demonstra consciência da escolha de seu critério de categorização.

Quais são as concepções que os alunos têm sobre a seleção e organização de dados?

Convivendo com crianças, questionava se de fato classificar e posteriormente representar os dados em uma tabela era de fato difícil. Resolvi, então, investigar a compreensão de crianças sobre o estabelecimento de categorias e sua organização em um banco de dados. Participaram da pesquisa alunos de 3ª série[2] do Ensino Fundamental de uma escola pública de Olinda. Escolhi essa série pois nessa escola era a partir dessa série que a maioria dos alunos sabia ler e escrever, uma vez que as atividades que proporia exigia um pouco de leitura e queria que os alunos mostrassem seu conhecimento sobre classificações independentemente de serem leitores. Porém, gostaria de frisar que atividades relacionadas à compreensão de gráficos podem ser investigadas/trabalhadas com alunos de outras séries, inclusive com alunos da Educação Infantil, como mostra Ana Selva no Capítulo 3 deste livro.

Retomando o estudo realizado, após combinar com as professoras regentes das turmas o que pretendia desenvolver, solicitei a todos os alunos de três turmas de 3ª série que individualmente resolvessem uma atividade, com o objetivo de investigar que fatores poderiam ser importantes na compreensão deles para a construção de uma tabela.

Nessa atividade busquei saber se os alunos conseguiriam classificar os animais apresentados, estabelecer os descritores e organizar essa informações na tabela apresentada. Para tal, foi explicado que eles deveriam elaborar quatro critérios para classificar as figuras dos animais que estavam apresentados isoladamente nas cartelas e listados na tabela e, em seguida, representassem os dados na tabela. Como pode ser observado, foi deixado a primeira linha em branco para que os alunos pudessem registrar os descritores caso considerassem relevante. Considerei importante entregar as figuras dos animais em cartelas para facilitar a mobilidade dos elementos durante as classificações.

Num outro dia, busquei investigar como seria o desempenho dos alunos na construção de uma tabela considerando uma necessidade de

---

2. Pela nomenclatura adotada pelo MEC, atualmente esta série é denominada de 4º ano. (N. da R.)

QUADRO 1

Tarefa de categorização da situação 1

Preencha a tabela abaixo a partir das características dos bichos que estão nas cartelas.

Borboleta				
Leão				
Águia				
Coelho				
Tartaruga				
Tubarão				
Elefante				

organizá-la para comparar informações. Nessa situação, apresentei uma tabela com uma lista de raças de cachorros e 15 cartões com a fotografia dos mesmos. Pedi que eles nos dissessem "Qual raça de cachorro corria mais?" e argumentei que como tinham muitos cartões, era importante que eles levantassem as informações que fossem importantes para descobrir qual o cachorro corria mais.[3] Pedi que eles definissem critérios que seriam importantes para que um cachorro corresse muito e, então, a partir das informações das cartelas eles construíssem uma tabela para ajudá-los a responder.

Na terceira situação, semelhante à primeira, os alunos deveriam elaborar quatro critérios para classificar esportes nomeados na tabela e apresentados em cartelas e registrassem na tabela.

Os alunos apresentaram vários tipos de respostas que foram organizadas considerando três fatores: (1) o tipo de categoria criada, (2) se o aluno nomeava a categoria, considerando-a como um descritor e (3) se representava os dados na tabela, considerando cada coluna como um descritor.

3. Esse estudo envolveu outras atividades que foram propostas ora em dupla ora individualmente, além de algumas situações serem resolvidas com o auxílio de computador. Para maiores esclarecimentos veja: Guimarães, G. (2002). *Interpretando e construindo gráficos de barras*. Tese de doutorado em Psicologia Cognitiva. UFPE.

Foi denominado *estratégias* utilizadas pelos alunos, pois nem sempre os mesmos fizeram uma categorização propriamente dita. Essas apresentaram diferentes concepções do que é categorizar e representar. Busquei também analisar se compreendiam que cada coluna representava um descritor. Os descritores podiam ser: *binários*, que são um tipo de descritor qualitativo com apenas dois valores e com sentidos opostos (por exemplo sim/não; tem/não tem); *nominais* ou qualitativos, onde os diferentes valores não são ordenáveis (por exemplo aquático/terrestre/aéreo); *ordinais* onde os valores são ordenáveis, mas não mensuráveis (por exemplo, grande, médio, pequeno) e *quantitativos*, onde os diferentes valores podem ser postos em uma escala de medida numérica.

Foram encontrados 14 tipos diferentes de respostas:

1. deixar em branco;
2. ignorar as colunas e fazer um comentário sobre cada elemento;
3. criar descrições para cada elemento e registrar um em cada coluna;
4. preencher todas as colunas com a mesma categorização;
5. criar um critério binário que não categorizava os elementos;
6. criar um critério nominal que não categorizava os elementos;
7. criar uma categorização binária (não nomeia);
8. criar uma categorização nominal (não nomeia);
9. criar uma categorização nominal admitindo duplo valor (não nomeia);
10. criar e nomear uma categorização binária;
11. criar e nomear uma categorização nominal (mistura critérios);
12. criar e nomear uma categorização nominal;
13. criar e nomear uma categorização ordinal;
14. criar e nomear uma categorização ordinal numérica.

Apesar dos alunos que participaram desse estudo nunca terem realizado uma atividade semelhante a essa (conforme depoimento das profes-

	Estratégias						
	2	**3**	**4**		**5**	**6**	**7**
Borboleta	asas tubarão não tem	Asa	macho	Macho	Tem	Masculino	Sim
Leão	O leão tem Rabo	Come	fêmea	Fêmea	Tem	Masculino	Sim
Águia	A águia tem Bico	Voa	macho	Macho	Tem	Masculino	Sim
Coelho	Mora na Toca	Pula	macho	Macho	tem	Masculino	Não

	Estratégias						
	8	**9**	**10**	**11**	**12**	**13**	**14**
			asa	**mora**	**sexo**	**Tamanho**	**Altura**
Borboleta	Asa	M	tem	natureza	fêmea	Pequeno	12
Leão	Pelo	H	não	selva	macho	Grande	75
Águia	Pena	M H	tem	voa	fêmea	Médio	34
Coelho	Pelo	H	não	mato	macho	Médio	14

soras), apenas 13% deles deixaram em branco, o que parece importante de ser ressaltado, pois mostra a possibilidade de solicitações dessa natureza a alunos de aproximadamente 9 anos de idade e o interesse e envolvimento demonstrado por eles na realização das atividades.

É importante ressaltar que cada aluno criava várias categorias, o que muitas vezes levava um mesmo aluno a criar diferentes tipos de estratégias para os mesmos elementos. Por exemplo, um aluno utilizou a estratégia 12 em relação ao sexo e a estratégia 8 para descrever alguma característica dos animais. Tal fato mostra que um mesmo aluno pode "classificar" de formas diferentes em função do critério que escolheu até em uma mesma situação. Compreender essas estratégias elaboradas por esses alunos pode auxiliar outros professores a refletirem como melhor conduzir um trabalho sobre classificação e representação em suas salas de aula.

Assim, a Estratégia 2 (ignorar as colunas e fazer um comentário sobre cada elemento) revela que eles não compreendem a função das colunas como organizadoras de valores de um descritor, uma vez que os mesmos nem se preocuparam com o traçado das colunas escrevendo por cima do mesmo. Alguns alunos escreviam em cada linha uma comparação dois a dois dos animais apresentados na tabela, o que demonstra uma compreensão bem inicial da habilidade em classificar.

A Estratégia 3 (criar descrições para cada elemento e registrar um em cada coluna) é também uma estratégia na qual os alunos, apesar de respeitarem os traçados, não sabem o que significa estar na mesma coluna, pois o procedimento adotado foi adjetivar o animal descrito em cada uma das linhas sem uma preocupação com o eixo das colunas.

Da mesma forma, na Estratégia 11 (criar e nomear uma categorização nominal misturando critérios) os alunos respeitam as colunas, nomeiam, mas não definem um descritor, o que demonstra que os alunos que elaboraram essas classificações apresentam incompreensões em relação ao que seja classificar e representar em uma tabela. É importante ressaltar que esses alunos não tinham um trabalho sistematizado pelo professor para trabalhar com este tipo de representação e, consequentemente, desconheciam a representação convencional.

Nas Estratégias 4, 5 e 6 os alunos buscaram critérios que não diferenciavam os elementos e, portanto, não era possível categorizá-los, pois se todos "têm" esse não é um critério que classifique os elementos. Na verdade, essas estratégias não são efetivamente classificações, pois em todas as células a resposta é a mesma. Se considerarmos que classificar é organizar em diferentes grupos, nessas estratégias, só temos um grupo.

As Estratégias 7, 8 e 9 mostram que os alunos classificaram os elementos mas não se preocuparam em registrar o critério utilizado. Na Estratégia 7 o aluno categoriza binariamente (sim/não) algo que não sabemos o que é, na Estratégia 8 tem-se uma tentativa de categorização nominal na qual o aluno lista características dos animais (asa, pelo, pena) mas não consegue determinar um nome para o tipo escolhido, ou seja, um descritor. Na Estratégia 9, apesar do aluno não nomear, podemos inferir o critério adotado (sexo). É importante ainda ressaltar que nesse tipo de estratégia o aluno admite duplo valor (M e H), fato que não é muito comum de ser encontrado nas classificações dos alunos dessa faixa etária, e que, segundo Vergnaud (1985), é uma aquisição tardia no desenvolvimento dos indivíduos.

Apenas nas Estratégias 10, 12, 13 e 14 podem ser encontradas de fato classificações com definição dos descritores. Na Estratégia 10 o aluno realiza uma classificação binária e nomeia o descritor em local correto. Da mesma forma, na Estratégia 12 o aluno cria classificações nominais, na Estratégia 13, classificações ordinais e, na Estratégia 14, classificações ordinais numéricas.

Esses dados mostram que nas três situações propostas foram criadas categorias binárias, nominais e ordinais qualitativas, sendo sempre o percentual mais alto para a categoria nominal.

Entretanto, na terceira situação (classificar esportes) os alunos apresentaram maior dificuldade que nas outras situações. Esse fato pode ter ocorrido em função de uma familiaridade maior dos alunos em classificar animais, advinda da prática escolar que costuma trabalhar com classificação de animais (Situação 1). Classificar esportes não costuma ser uma atividade proposta nas salas de aula. Estabelecer critérios como "usa bola" ou "joga sozinho ou em grupo" utilizados pelos alunos, parece-nos requerer uma maior elaboração para a classificação do que utilizar critérios já conhecidos. Como comentado anteriormente, os alunos não sabem classificar e sim sabem um tipo de classificação ensinado na escola.

Em relação à definição e nomeação dos descritores, foi observado que os alunos não consideraram importante nomear ou não percebiam a importância da nomeação em uma tabela, pois na Situação 1, 38% dos alunos nomearam e na Situação 3, somente 27%. Na Situação 2, os alunos registravam suas classificações no computador, o que foi bastante motivador para eles, como era de se esperar. Nessa situação foi observado que 92% dos alunos criaram descritores e os registraram, pois o próprio *software* solicitava. Entretanto, em 65% dos casos os alunos nomearam as colunas, mas esse não era um descritor (Estratégia 11), pois uma mesma coluna apresentava várias propriedades. Além disso, observamos que, ao contrário de classificar, buscavam selecionar para cada elemento uma propriedade diferente. Verbalizavam, por exemplo, que para cada cachorro precisava "de uma coisa diferente, eles não podem comer a mesma comida" ou "esse já tem, tem que ser outro diferente". Outros inventavam dados e depois comparavam com outras categorias reais sem se preocuparem com a mistura de dados reais e fictícios. Assim, estabelecer uma ou mais propriedades para cada elemento não se apresentou como uma tarefa difícil, o que percebi foi uma dificuldade de organizar estas propriedades a partir de um descritor.

Em relação à classificação foi observado que um mesmo aluno consegue às vezes criar categorias e às vezes apenas descreve propriedades apresentando dificuldade de organizar estas propriedades a partir de um descritor. Por outro lado, o mesmo aluno pode criar diferentes tipos de categorias (binárias, nominais e ordinais) para os mesmos elementos. Entretanto, os alunos demonstraram não considerar importante nomear as categorias ou não percebem a importância da nomeação numa tabela.

Como podemos ver, os alunos demonstram pouca familiaridade com este tipo de atividade, mas não a impossibilidade de executá-la. É importante desenvolver um trabalho sistemático em sala com os alunos, levando-os a buscar categorizar elementos e ter clareza de qual é o descritor utilizado. Assim, trabalhar com categorizações nas escolas, além de refletir formas de representar essas categorizações, é uma atividade fundamental. Afinal, no mundo estamos sempre convivendo com classificações, desde as classificações mais individuais como a maneira que escolhemos para organizar as roupas em um armário até classificações mais gerais como as unidades de medidas convencionais. Dessa forma, trabalhar com classificações é trabalhar com as formas de organização escolhidas por nós ou por uma determinada cultura.

Trabalhando com gráficos de barras

Estudos anteriores (Leinhardt, Zaslavsky, e Stein, 1990 e Mevarech e Kramarsky, 1997) mostraram que os gráficos são um importante recurso para a interpretação do cotidiano e é preciso que os alunos tenham clareza que interpretar gráficos refere-se a uma habilidade de ler, ou seja, de extrair sentido dos dados, e que construir um gráfico é gerar algo novo, que exige a seleção de dados, de descritores, de escalas e do tipo de representação mais adequado. Nesse sentido, construir é qualitativamente diferente de interpretar. Entretanto, ambas as situações, interpretação e construção de gráficos, exigem dos sujeitos um conhecimento sobre gráficos.

Após investigar alguns aspectos em relação à compreensão dos alunos em classificar e organizar esses dados em tabelas resolvi investigar a compreensão dos alunos em relação à *leitura e interpretação* de dados representados em gráficos de barras, a *construção* de gráficos de barras e a *relação entre interpretação e construção de gráficos* de barras.

Para investigar a compreensão da representação de dados em gráficos de barras é interessante considerar a argumentação de Vergnaud (1987) o qual afirma que é necessário se perguntar: *representar o quê? para quê?* Segundo esse autor, o problema da representação envolve três níveis (referente, significante e significado). O referente é o mundo real, o significante consiste nos diferentes sistemas simbólicos que utilizamos como os ícones, e o significado é o nível no qual o pensamento se organiza. Matemática não é meramente uma linguagem, os símbolos são apenas a parte visível. Nesse sentido, é importante indagar quais aspectos do significado são representados por quais aspectos do significante.

Dessa forma, o uso de gráficos pelas pessoas reflete os caminhos que foram acessados e relevantes para elas em uma determinada situação. A fluência com símbolos é desenvolvida através de seu uso, o gráfico ajuda os usuários a desenvolver novos sensos, salientar fatores e planejar ações. Dessa forma, é preciso adequar o tipo de representação (significante) com os dados que se quer mostrar (significado).

Ainley (2000) observou que alunos de 11 anos, quando solicitados a construírem gráficos, consideravam como critério principal a estética do gráfico e não a transparência das informações, ou seja, a escolha da melhor forma para mostrar as informações que se deseja. A partir de estudos como esse, ela argumenta que é necessário trabalhar com diferentes representações dos mesmos dados, pois a transparência dos dados emerge através do uso e não é inerente à qualidade do tipo de representação.

Muitos estudos vêm sendo realizados para que possamos compreender em que medida os conhecimentos da realidade e os conhecimentos sobre as diferentes simbolizações utilizadas nos gráficos se relacionam. Curcio (1987) e Ainley (2000) argumentam que é preciso considerar dois fatores como determinantes nas interpretações: *os conhecimentos prévios sobre aquele a que o gráfico se refere e a simbolização utilizada nos diferentes tipos de gráficos*, estabelecendo uma fusão entre a representação e a realidade.

Entretanto, como afirmam Hoyles, Healy e Pozzi (1994), esses dois fatores apesar de determinantes, podem ser dissociados. Esses autores, para chegarem a tal afirmação, desenvolveram um estudo no qual propuseram uma situação de construção de um gráfico a partir de dados de fantasia (castelos imaginários) apresentados em cartões. Como resultado encontraram que esses dados, que não tinham correspondência real, foram utilizados e interpretados e não os de conhecimento de mundo construídos anteriormente.

Por outro lado, Guimarães, Gitirana e Roazzi (2000) encontraram alunos que inicialmente foram capazes de ler os dados de um gráfico, mas, em seguida, questionavam os resultados que não correspondiam à realidade e, então, distorciam claramente suas leituras buscando ajustar os resultados encontrados nos gráficos com suas experiências pessoais. Assim, parece-nos que de fato os dois fatores, a compreensão da representação em si e a concordância das experiências pessoais dos sujeitos com os dados, precisam ser considerados, mas esses podem ser interligados, ou não, quando o sujeito interpreta um gráfico.

Como os alunos interpretam gráficos de barras?

Buscando aprofundar essa reflexão sobre o sistema simbólico e as experiências pessoais, foram enumerados aqui uma série de habilidades que são necessárias à compreensão de uma representação de dados através de gráficos de barra. Como mostra Janvier (1978), o sistema de representação de dados através de gráficos de barra exige dos sujeitos a compreensão de várias habilidades matemáticas tanto para a leitura como para a construção:

- localizar pontos extremos (máximo e mínimo);
- localizar variações (crescimento, decrescimento e estabilidade);

- classificar as variações em crescimento, decrescimento e estabilidade;
- quantificar as variações de crescimento, decrescimento e estabilidade;
- localizar a maior ou menor variação (crescimento e decrescimento);
- quantificar a maior ou menor variação (crescimento e decrescimento);
- localizar uma categoria a partir do valor da frequência (eixo x);
- localizar o valor da frequência de uma categoria (eixo y);
- extrapolar o gráfico;
- avaliar médias;
- compor grupos — união.

Procurando contribuir com essa discussão sobre a compreensão de alunos sobre representações em gráficos de barras realizei um outro estudo no qual 107 alunos de quatro salas de 3ª série do Ensino Fundamental foram convidados para participar da investigação. Foi solicitado a esses alunos que resolvessem cinco atividades que incluíam interpretação de gráficos, com dados nominais e ordinais, e construção de gráficos a partir de tabelas por nós apresentadas. Procurei em todas as atividades trabalhar com dados que fossem significativos para os alunos.

A seguir estão apresentadas cada uma das atividades propostas para possibilitar uma melhor compreensão por parte do leitor da pesquisa realizada. Como já foi argumentado, a pesquisa se faz necessária para qualquer área profissional, incluindo o professor de todas as disciplinas e em todos os níveis. Acredito na importância do professor, de qualquer nível de ensino, pesquisar sua própria prática, ou seja, pesquisar a aprendizagem dos alunos e as relações com sua mediação enquanto professor. Assim, descrevo o que foi proposto e evidenciando todos os resultados encontrados no intuito de proporcionar aos leitores a possibilidade de comparar os dados obtidos nesta pesquisa com outras já existentes e, ainda, com dados que venham a ser coletados futuramente, inclusive por professores em suas salas de aula.

Assim, as três primeiras atividades buscaram investigar a compreensão dos alunos em relação à interpretação de gráficos de barras. A *Atividade 1* teve como objetivo investigar a habilidade dos alunos na interpretação de um gráfico de barras com variável nominal, ou seja, os dados representados pelas barras que, por sua vez, representam os Estados, são independentes entre si, podendo, dessa forma, localizarem-se em qualquer ordem. Como pode ser visto na apresentação da Atividade 1, ao lado de cada questão será apresentado seu objetivo (em itálico), ou seja, a habilidade que estava sendo verificada. Vejamos as atividades propostas para depois analisar o desempenho dos alunos na execução das mesmas.

ATIVIDADE 1

Interpretação de gráfico nominal.

O gráfico de barras abaixo mostra a quantidade de pessoas assaltadas por mês em alguns Estados brasileiros:

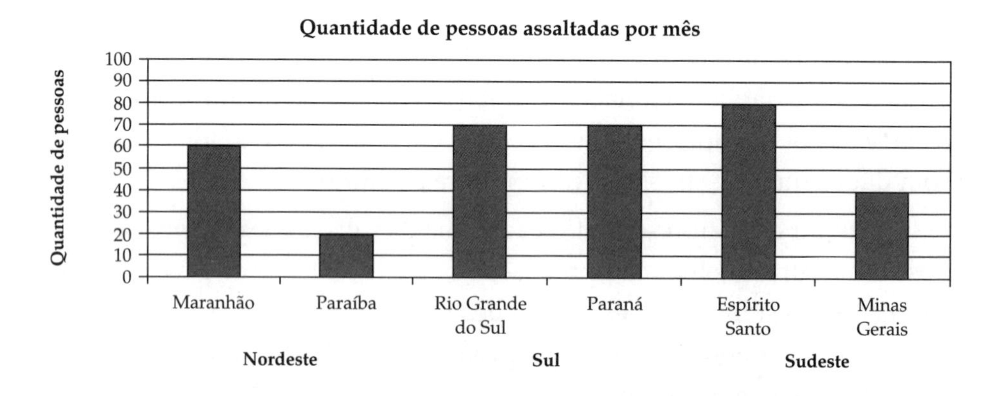

a) Em qual Estado a quantidade de assaltos é maior? *(localização de ponto extremo — máximo)*

b) Qual a quantidade de assaltos no Maranhão? *(localização do fator de frequência de uma categoria no eixo y)*

c) Qual o estado que tem menos assalto? *(localização de ponto extremo — mínimo);*

d) Qual a diferença de assaltos por mês em Minas Gerais e Rio Grande do Sul? *(quantificação da variação)*

e) Em qual dessas regiões do país (Sul, Nordeste, Sudeste) houve maior número de assaltos? *(combinação — união)*

A *Atividade* 2 também teve como objetivo investigar a habilidade dos alunos na interpretação de um gráfico de barra, entretanto nessa atividade as variáveis eram ordinais, ou seja, existe uma ordem para apresentá-las (a sequência dos meses), como o próprio nome indica. Da mesma forma, cada questão trabalhava com uma relação entre as quantidades diferentes e está apresentada em itálico.

ATIVIDADE 2

Interpretação de gráfico ordinal

Em uma pequena cidade, Tagrava, existe uma emissora de televisão, Rede Boglo. O gráfico de barras abaixo mostra a quantidade de moradores da cidade que assistiram a Rede Boglo nos meses de janeiro a outubro.

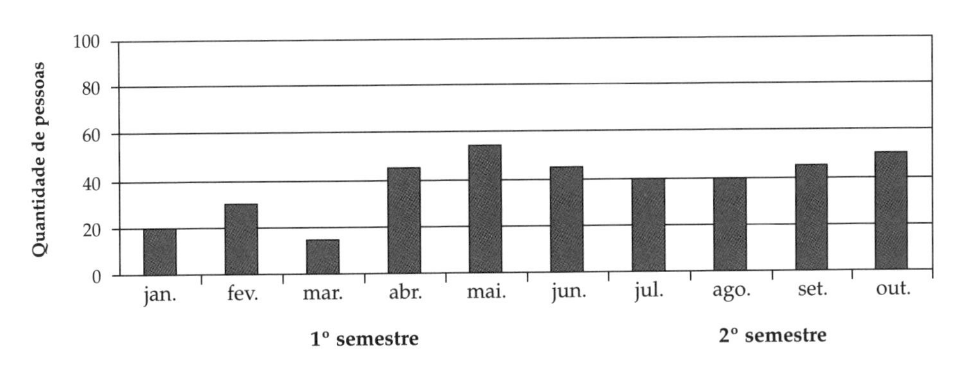

a) Qual foi o mês que teve mais gente assistindo a Rede Boglo? *(localização de ponto extremo — máximo)*

b) Em que períodos (entre quais meses) a quantidade de pessoas que assistiam a Rede Boglo diminuiu? *(localização de variação — decréscimo)*

c) De que mês a que mês a Rede Boglo obteve maior aumento na quantidade de pessoas que assistiram? *(localização de maior variação — acréscimo)*

d) Qual foi o pior mês de audiência da Rede Boglo? *(localização de ponto extremo — mínimo)*

e) Qual a quantidade de pessoas que você acha que vai assistir a Rede Boglo em novembro? Por que? *(extrapolação do gráfico)*

f) Entre quais meses não mudou a quantidade de pessoas que assistiram a Rede Boglo? *(localização de variação — estabilidade)*

g) Qual foi o semestre que teve maior audiência na Rede Boglo? *(combinação — união)*

h) Qual a quantidade de pessoas que assistiram a TV Boglo em setembro? *(localização do valor de frequência de uma categoria)*

i) Em quais meses a audiência da Rede Boglo foi de 40 pessoas? *(localização de uma categoria a partir do valor de frequência)*

A *Atividade* 3, assim como a Atividade 1, teve como objetivo investigar a habilidade dos alunos na interpretação de um gráfico de barras com variável nominal, entretanto, nessa atividade, o gráfico exigia do aluno relacionar múltiplos descritores para cada valor (frequência de pessoas que visitaram parques diferentes durante três meses), além da compreensão da legenda.

O gráfico de barras a seguir mostra a quantidade de pessoas que foram aos parques nos meses de janeiro, fevereiro e março.

ATIVIDADE 3

Interpretação de gráfico nominal com múltiplos valores para cada descritor.

Quantidade de pessoas que foram aos parques

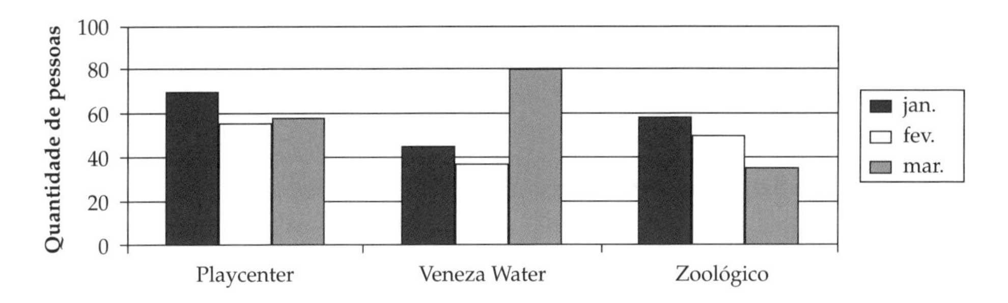

a) Qual foi o parque mais visitado no mês de janeiro? *(localização de ponto extremo — máximo)*

b) Qual a quantidade de pessoas que foram ao zoológico no mês de fevereiro? *(localização do fator de frequência de uma categoria — (eixo y)*

c) Qual o parque menos visitado no mês de janeiro?*(localização de ponto extremo — mínimo)*

d) Qual a diferença na quantidade de pessoas que foram ao Play Center e ao Veneza Water Park no mês de março? *(quantificação da variação)*

e) Qual foi o parque mais visitado durante esses três meses? *(combinação — união)*

A seguir, os dados serão analisados a partir de dois tipos de interpretação: pontual e variacional. As interpretações pontuais têm sido consideradas em outras pesquisas mais fáceis de serem realizadas pelos alunos do que as interpretações variacionais. Uma interpretação pontual exige que o aluno observe apenas um ponto, como por exemplo, o ponto máximo ou o valor correspondente a uma barra. Já uma interpretação variacional exige que o aluno localize pelo menos dois pontos e estabeleça a comparação entre eles.

O que esses alunos mostraram saber sobre interpretação pontual?

Neste segundo bloco de estudo buscou-se investigar a habilidade dos alunos em interpretar e construir gráficos de barras e observar se os alunos ao interpretarem ou construírem gráficos de barras, apresentavam dificuldades diferentes para lidar com descritores categorizados em variáveis nominais ou ordinais.

Em primeiro lugar, foi observado que os alunos apresentaram facilidade em localizar pontos extremos independentemente do tipo de variável. A leitura pontual em gráfico de barras, tanto do ponto máximo quanto do ponto mínimo, foi tarefa fácil para esses alunos. Os alunos também não apresentaram dificuldades em localizar uma frequência a partir de uma das barras, demonstrando, dessa forma, que essas relações foram fáceis. Nesses casos, os alunos conseguiram compreender como os dados são organizados nos gráficos. Esses alunos também apresentaram um bom desempenho na leitura pontual no gráfico de barras onde havia múltiplos valores para cada descritor. Acertar nesse tipo de gráfico é mais complexo, pois implica compreender o papel da legenda e utilizá-la para identificar corretamente cada uma das barras.

É importante ressaltar que nesse estudo buscou-se propor situações nas quais os dados apresentados faziam parte do universo dos alunos, ou como destacam Leinhart *et al.* (1990) e Jones et al. (2000), os valores tinham um significado para os alunos. Os resultados mostram um bom desempenho dos alunos nas atividades que exigiam deles a combinação do conhecimento sobre a simbolização com os conhecimentos prévios sobre aquilo a que o gráfico se refere, como argumentam Curcio (1987) e Ainley (2000).

Vários autores (Bell e Janvier, 1981; Kerslake, 1981; Monk, 1989; Leinhardt *et al.*, 1990; Preece, 1983) argumentam que os alunos apresentam bom desempenho nesse tipo de atividade, porém, os mesmos autores afirmam que existe uma ênfase desproporcional no currículo em relação às questões que envolvem interpretações locais ou pontuais e que tal enfoque leva os alunos a terem uma concepção de gráfico como uma coleção de pontos isolados. Assim, quando os alunos são questionados sobre uma variação expressa no gráfico apresentam muitas dificuldades e comumente transformam as questões em localizações pontuais.

O que esses alunos mostraram saber sobre interpretação variacional?

Buscando refletir sobre essas situações, as questões referiam-se também a interpretações variacionais e não apenas pontuais. Para todos os gráficos apresentados foi solicitada uma interpretação variacional exigindo que os alunos comparassem dois ou mais pontos. Na Atividade 1 que envolvia dados nominais, foi solicitado que os alunos dissessem qual era a diferença entre duas barras (questionando sobre a diferença de assaltos entre dois Estados) e percebeu-se que os alunos apresentaram dificuldades, pois apenas 38% dos alunos conseguiram quantificar a diferença entre os pontos, respondendo, assim, corretamente. Foi encontrado que 15% dos alunos identificavam os valores dos itens a serem comparados (Minas — 40 e Rio Grande — 70), o que demonstra que eles estavam fazendo uma análise pontual dos dados, buscando, somente, a frequência das categorias.

É interessante comparar esses resultados com outros estudos que solicitaram que os alunos estabelecessem comparações entre quantidades. Borba e Santos (1997) e Pessoa e Falcão (1999) solicitaram a seus sujeitos que resolvessem problemas, apresentados por escrito, que envolviam uma comparação. Em ambos os estudos, os autores observaram que os sujeitos ao resolverem diferentes tipos de problemas de estrutura aditiva, apresentaram percentuais de acerto mais baixos nos problemas que envolviam comparações. Dessa forma, parece que esse tipo de relação se apresenta como uma tarefa difícil para alunos dessa faixa etária independentemente do tipo de representação ser gráfico ou não.

Diante dessa dificuldade, devemos nos perguntar se esse tipo de relação entre quantidades é de fato mais difícil de ser compreendido, ou se a dificuldade se deve a pouca exploração proposta nos livros didáticos já constatada na literatura (Borba, Pessoa e Santos, 1997), ou, ainda, à prática de muitos professores que costumam apresentar problemas de estrutura aditiva ligados apenas à ação de adicionar ou retirar uma quantidade da outra (problemas que envolvem a ideia de inclusão com mudança de quantidade).

Por outro lado, os dados também mostraram que 27% dos alunos deram um tipo de resposta que apesar de demonstrar que eles não estabeleceram a quantificação da diferença entre os meses, mostra que estavam relacionando os dois pontos, pois davam respostas como: "em Minas Gerais tem menos assalto do que no Rio Grande do Sul". Esse dado parece interessante de ser ressaltado, pois indica que esses alunos conseguem estabelecer uma comparação entre dois pontos.

Em função desses resultados, Souza, Barbosa e Guimarães (2004) realizaram uma pesquisa com alunos dessa mesma faixa etária buscando investigar como levar os alunos a compreenderem essa relação de variação. As autoras propuseram uma situação na qual a professora construía juntamente com os alunos um gráfico de barras, utilizando primeiro caixas de fósforos e, em seguida, uma representação no quadro. Durante essa construção a professora refletia com os alunos sobre as especificidades da representação em gráficos de barras e depois propunha questões orais que envolviam a interpretação pontual e variacional do gráfico. Foi observado que a partir de apenas essa intervenção de construção de um gráfico de barras com toda a turma os alunos passaram a compreender como quantificar variações no gráfico. Assim, acredito que problemas de comparação de estrutura aditiva podem ser compreendidos se trabalharmos a partir de representações gráficas.

Por outro lado, é preciso considerar que a representação em gráfico de barras, como qualquer outra, pode, em outras situações dificultar o estabelecimento de relações. Os problemas que envolvem a combinação entre dois valores são desde cedo compreendidos pelas crianças, como mostra a literatura, entretanto, nesse estudo os alunos apresentaram dificuldades. Quando solicitado que somassem os valores para cada região (Atividade 1) ou o semestre de maior audiência (Atividade 2), ou seja, trabalhassem com o conceito de união, foi observado que a maioria dos alunos apresentou dificuldades para responder corretamente a essa questão. O que se percebeu foi que os alunos respondiam a essa questão em função de onde estava localizada a maior barra. Na Atividade 1, por exemplo, 37% dos alunos deram como resposta a região Sudeste, pois era nela que se encontrava a maior barra (Espírito Santo).

Dessa forma, parece que as representações em gráficos de barras não ajudam os alunos a compreender a relação de união. Ana Selva, no Capítulo 3 deste livro, levanta como justificativa a não-mobilidade das barras, pois quando ela trabalhou com blocos de encaixe as crianças apresentaram um melhor desempenho.

Outro aspecto solicitado aos alunos foi a localização de uma variação de decréscimo ou acréscimo. Foi observado que essas localizações de variação foram tarefas muito difíceis para os alunos, pois a maioria deu como resposta o valor da menor barra ou o valor das menores barras quando solicitados a localizar a variação de decréscimo e as maiores para variação de aumento. Alguns alunos consideravam como a mesma pergunta saber um decréscimo e saber qual a menor barra, como podemos perceber a partir das seguintes afirmações: "Esta daqui são a mesma pergunta?" (lê a questão referente à localização do ponto mínimo e a questão sobre variação) ou "Maio! Já não respondi aqui?" referindo-se às questões de maior aumento e a do mês de maior audiência.

Apesar dessa dificuldade apresentada pela maioria dos alunos, encontrei duas situações nas quais os alunos demonstraram compreender noções sobre variação. A primeira situação foi na questão que solicitava que identificassem entre que períodos não havia tido mudanças (Atividade 2, questão *f*), ou seja, na questão que investigava a ausência de variação, na qual encontramos 28% dos alunos sendo capazes de responder corretamente. A segunda situação refere-se à questão que solicitava dos alunos que extrapolassem os dados (Atividade 2, questão *e*), ou seja, que realizassem uma análise global do gráfico e imaginassem o que poderia acontecer em um mês subsequente. A metade dos alunos demonstrou realizar uma análise variacional, pois respondiam que "porque pelo que mostra o gráfico a audiência é boa".

Santos e Gitirana (1999), trabalhando com alunos de 6ª série, ou seja, três anos mais velhos que os deste estudo, já haviam percebido esse mesmo tipo de atitude, isto é, que existem alunos que ao serem solicitados a extrapolar um gráfico, passam a estabelecer considerações qualitativas e globais sobre variação.

Buscando analisar melhor esses dados, foi realizada uma análise multidimensional denominada Análise da Estrutura de Similaridade (*Similarity Structure Analysis* — SSA — Borg e Lingoes, 1987). Essa análise, por sua natureza multivariada, não considera que as variáveis são concebidas *a priori* como estritamente relacionadas com outras variáveis e sim com toda uma complexa rede de outras variáveis que pertencem ao mesmo domínio de investigação. Essa análise permitiu observar uma alta correlação entre localizar ausência de variação e extrapolar os dados apresentados, ou seja, os mesmos alunos que conseguiram bom desempenho em localizar ausência de variação também conseguiram extrapolar os dados apresentados no gráfico. Precisamos começar a refletir quais são as características dessas atividades que possibilitam que um mesmo aluno apresente um bom desempenho em ambas. Talvez essas atividades possam ser caminhos que propiciem a construção pelos alunos dessa compreensão sobre variação.

Os alunos usam o referencial de seu dia a dia para dar sentido à representação gráfica?

Uma vez analisada a compreensão dos alunos em relação à leitura do gráfico, estava interessada em analisar se els faziam uma análise baseada apenas nos dados expressos no gráfico ou se utilizavam também referenciais do seu cotidiano. Essa é uma questão que vem sendo bastante discutida na literatura.

Quando foi solicitado que os alunos estipulassem a quantidade de pessoas que eles consideravam que iriam assistir à rede Boglo no mês seguinte àquele que o gráfico mostrava (Atividade 2 questão *e* citada anteriormente), apenas 7,5% dos alunos responderam que não podiam responder porque não tinham esse dado no gráfico. Um percentual um pouco maior (13%) de alunos colocou um valor, mas não justificou sua resposta e 54% dos alunos além de darem uma resposta, apresentaram algum tipo de justificativa:

1. 24% dos alunos que justificaram afirmaram que haviam suposto aquele valor a partir das informações contidas no gráfico de forma global: "porque a quantidade de pessoas está subindo";
2. 8% dos alunos que justificaram fizeram suas afirmações a partir das informações contidas no gráfico de forma pontual: "70 porque em outubro assistiram pouco";
3. 24% dos alunos que justificaram fizeram suas afirmações a partir da realidade: "porque está próximo do Natal e as pessoas gostam de assistir", "90 porque a programação ficou mais legal", "porque a maioria trabalha e não dá para assistir", "porque é quando a maioria dos pais viaja" ou ainda "porque está começando as férias";
4. 44% dos alunos que justificaram fizeram suas afirmações a partir de considerações pessoais: "porque eu acho que a audiência vai ser maior", "porque eu gosto do mês de novembro" ou "60 porque pra mim é o suficiente".

Apesar das respostas classificadas nos itens 3 e 4 refletirem justificativas que levam em consideração as experiências cotidianas dos alunos, considero importante ressaltar que, no item 3, parece que os alunos estão argumentando a partir de sua visão de um coletivo, enquanto, na classificação 4, é um ponto de vista individual, as respostas não se referem à visão de um grupo, por isso criamos dois itens. Por outro lado, considero que esse tipo de argumentação pode, ou não, incluir uma análise tanto global como pontual do gráfico. Dessa forma, o fato dos alunos terem argumentado a partir de suas experiências pessoais, não significa necessariamente que eles não utilizaram em suas respostas os dados expressos no gráfico.

Santos e Gitirana (1999) também haviam percebido em seus sujeitos esse mesmo tipo de atitude em questões de extrapolação, nas quais existia uma clara concentração de alunos que passavam a extrapolar fazendo considerações qualitativas e globais sobre variação. Os alunos deste estudo, assim como os de Santos e Gitirana, apresentaram uma habilidade em realizar uma análise global dos dados representados no gráfico independentemente de terem utilizado justificativas a partir dos dados apresentados no gráfico, justificativas de seu cotidiano ou considerações pessoais. Mais uma vez, então, precisamos reforçar a capacidade dos alunos de realizar análise variacional em gráficos de barras e a necessidade da escola estar provocando nos alunos esse tipo de reflexão.

Construindo gráficos

Foi afirmado anteriormente que haviam sido propostas cinco atividades para os alunos. Foram apresentado até agora aquelas referentes à interpretação de gráficos de barras e será realizada, a seguir, uma discussão sobre as atividades propostas referentes à construção de gráficos de barras.

Um dos fatores que influenciam nas metodologias de pesquisa é a ordem em que as atividades são propostas. Em algumas pesquisas a ordem de apresentação das atividades é realizada de forma alternada. Nessa pesquisa, optei por manter uma ordem fixa de apresentação. Solicitei que os alunos resolvessem sempre na mesma ordem as cinco atividades (as folhas com cada atividade estavam grampeadas nessa ordem), pois considerava que a resolução das primeiras (interpretação) já mostrava para os alunos o que eram gráficos de barras, o que poderia auxiliá-las nas atividades subsequentes, as quais se referiam a construção de gráficos de barras.

Então, as Atividades 4 e 5, que se encontram apresentadas a seguir, buscaram investigar a compreensão dos alunos em relação à construção de gráficos de barras, a partir de tabelas por nós apresentadas. A relação entre as representações — gráfico e tabela — é analisada por Bell e Janvier (1981) e Vergnaud (1985), que argumentam que os exercícios que permitem passar de uma representação através de gráficos para uma tabela e vice-versa são importantes pedagogicamente, tanto para a atividade classificatória como para outras atividades lógico-matemáticas. Buscou-se observar que tipos de dados foram representados, se utilizavam barras para cada descritor, se nomeavam essas barras e que tipo de escala escolhiam e, para facilitar a precisão das representações, forneci uma malha quadriculada para os alunos construírem seus gráficos.

A *Atividade 4* teve como objetivo investigar a habilidade dos sujeitos na construção de um gráfico de barra com variável nominal e a *Atividade 5* teve como objetivo investigar a habilidade dos alunos na construção de um gráfico de barras com variável ordinal. Na Atividade 5, foram criadas duas situações como podemos ver abaixo: na primeira situação, o cachorro que mais aumentou de peso era também o que apresentava o maior peso no último mês; na segunda situação essa correspondência não existia. Resolvi propor dessa forma para saber se de fato eles estavam considerando a variação de aumento ou apenas um ponto máximo, ou seja, o maior peso. Abaixo estão apresentadas as atividades propostas.

ATIVIDADE 4

Construção de gráfico a partir de dados nominais.

Abaixo você encontra uma lista de pessoas e seu esporte preferido. Qual é o esporte preferido desse grupo? ______________________________

Nome	Esporte preferido
Ana	Vôlei
Vera	Natação
Carlos	Futebol
Flávia	Vôlei
Pedro	Futebol
Gabriel	Vôlei
Mariana	Vôlei
Vladimir	Futebol
Raul	Futebol
Luiza	Natação
Tereza	Natação

Carolina	Natação
Rodrigo	Futebol
Alex	Futebol
Tadeu	Vôlei

Construa um gráfico de barras que ajude um colega a ver qual é o esporte preferido dessas pessoas:

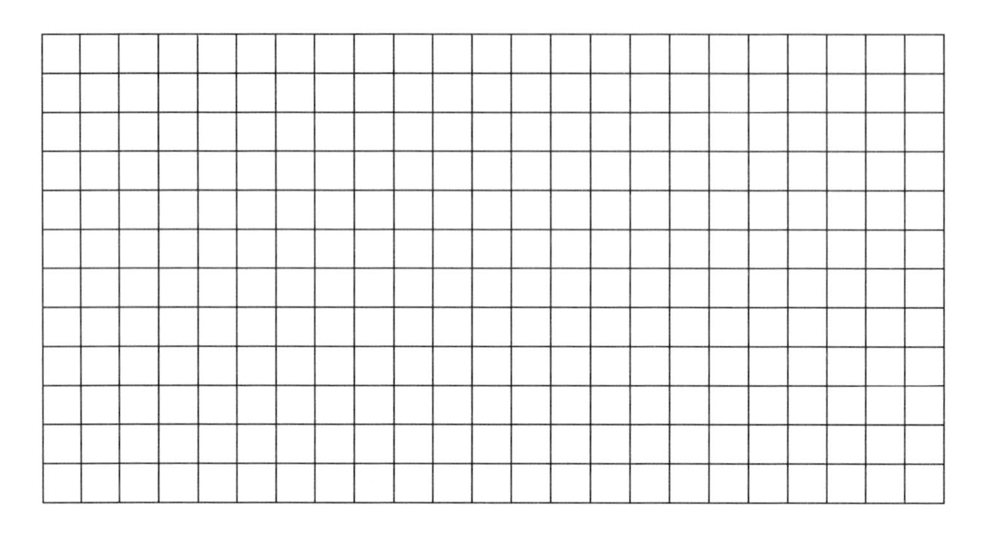

Atividade 5

Construção de gráfico a partir de dados ordinais.

A tabela abaixo mostra o peso de cachorros durante 3 meses:

Mês	**Raça**	
	Dálmata	**Pastor Alemão**
Janeiro	16	17
Fevereiro	19	24
Março	22	28

Qual cachorro engordou mais nesses 3 meses? ________________

Construa um gráfico de barras que ajude as pessoas a verem qual cachorro engordou mais nesses 3 meses.

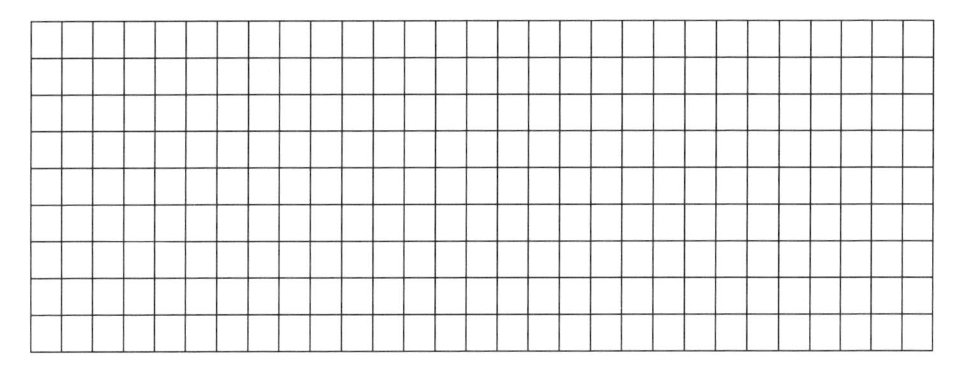

AGORA OBSERVE ESTA TABELA:

Mês	**Raça**	
	Dálmata	**Basset**
Janeiro	16	7
Fevereiro	19	12
Março	22	17

Qual cachorro engordou mais nesses 3 meses? ________________

Construa um gráfico de barras que ajude as pessoas a verem qual cachorro engordou mais nesses 3 meses.

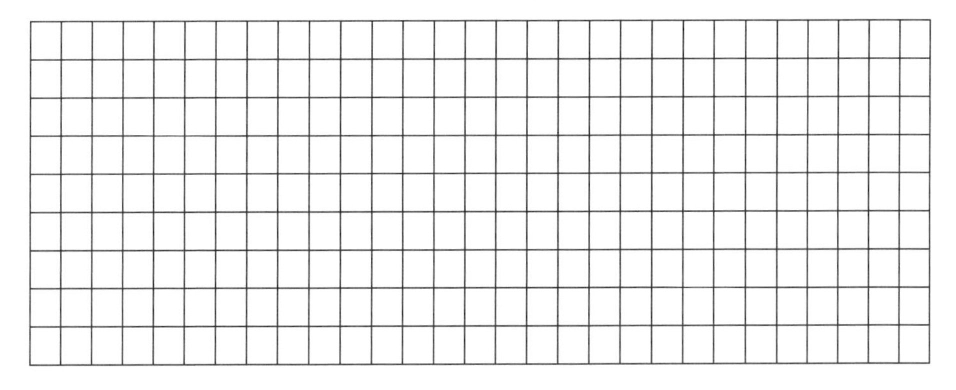

O que sabem esses alunos sobre construção de gráficos?

Como pode ser visto, a partir da resposta encontrada na leitura da tabela da Atividade 4, era solicitado aos alunos que construíssem um gráfico de barras para ajudar as pessoas a verem qual era o esporte preferido daquele grupo. Foi constatado que nessa tarefa a maior parte dos alunos (61,7%) resolveu de forma correta. Entretanto, encontrei 36% dos alunos deixando de representar, ou seja, deixaram em branco. Analisando as representações realizadas pelos alunos, observei que 40% utilizaram um quadradinho para cada unidade/pessoa, como prevíamos. Alguns alunos (6,5%) utilizaram uma barra para cada esporte, mas a sua altura só mostrava uma proporcionalidade em relação à frequência, sem uma preocupação com a utilização de uma escala precisa. Encontrei, ainda, que a maioria dos alunos que representaram os dados nomeou as barras de forma correta. Pode-se afirmar que representar dados em gráficos de barras foi uma atividade em que os alunos não apresentaram dificuldades.

Quando analisadas as respostas relacionadas à construção do gráfico a partir de dados ordinais, a qual implicava representar uma variação (Atividade 5), foi observado que, na questão 1, a maioria dos alunos (74%) respondeu adequadamente, dando como resposta o cachorro que teve o maior aumento de peso e, na questão 2, nenhum aluno respondeu de forma correta. Os dados mostram que a maioria dos alunos (71%) considerou como a resposta adequada o cachorro que chegou ao maior peso. Nessa situação foram colocados dois itens exatamente para averiguar essa relação: os alunos na verdade acertaram a questão 1 porque o cachorro que teve o maior aumento de peso correspondia ao cachorro que chegou ao maior peso no final. Dessa forma, em nenhuma das situações, os alunos conseguiram considerar o aumento expresso na tabela.

Em relação à construção de gráficos que expressassem essa variação, ao contrário da construção do gráfico na Atividade 4, foi observado que 59% dos alunos não construíram gráficos, deixando a questão em branco. Esse alto percentual indica que os alunos encontraram dificuldades nessa tarefa. Uma das razões pode ter sido o fato de que nessa situação, para que os alunos representassem de forma correta os dados, era preciso modificar a forma utilizada na atividade anterior, a qual permitia utilizar como escala a relação de um quadradinho para cada pessoa. Nesta situação, era preciso criar uma escala para representar os dados uma vez que os valores a serem representados eram superiores à quantidade de quadradinhos fornecidos. O fato de não ser possível utilizar a estratégia anteriormente adotada na Atividade 4 pode ter levado os alunos a uma desistência de resolver esta atividade.

Na Atividade 4 os alunos construíram os gráficos de maneira correta, entretanto, na Atividade 5, verificando-se que 13% dos alunos resolveram utilizando uma estratégia curiosa a qual consistia em pintar a quantidade de quadrados desejada, utilizando para isso os quadradinhos próximos até o esgotamento da quantidade a ser representada (Figura 1).

FIGURA 1
Estratégia de resolução de pintar até esgotar a quantidade

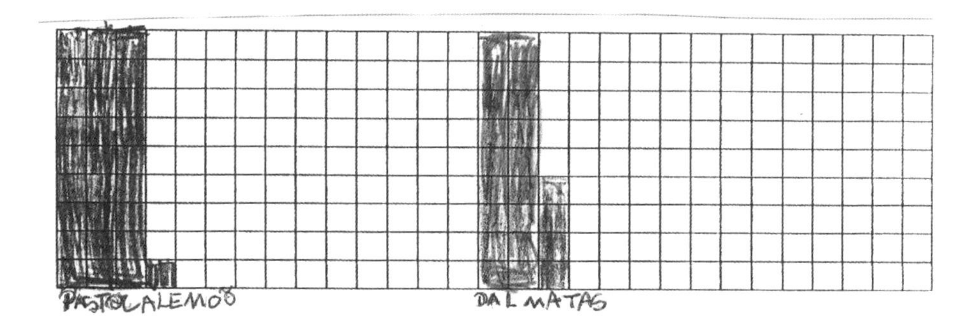

O que as barras utilizadas pelos alunos representavam?

A resposta mais encontrada foi o registro no gráfico dos valores referentes ao peso dos cachorros no último mês (13%). Alguns alunos (3%) somaram o peso de cada cachorro em cada um dos meses (faziam as contas em um canto do papel) e representaram esse total, demonstrando que não estavam compreendendo que a variação de um mês para o outro é que importava. Outros (3%) representaram os valores referentes aos pesos em cada mês, entretanto só representaram os dados do cachorro que consideraram que tinha engordado mais, ou melhor, o mais gordo ao final. Observando os gráficos construídos por esses alunos também se percebe que eles não expressavam uma variação. Apenas 5,6% dos alunos representaram o aumento do peso dos dois cachorros e para isso registraram os pesos mês a mês (Figura 2).

FIGURA 2
Estratégia de resolução registrando aumento de quantidade

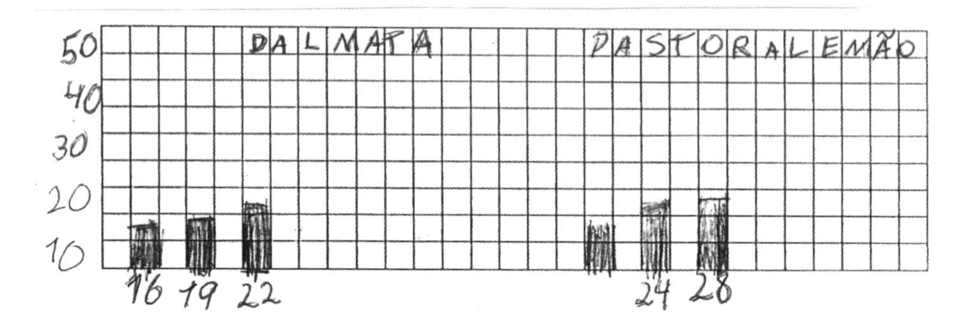

Os alunos, em sua maioria, buscaram representar no gráfico os valores referentes ao maior valor expresso na tabela e não um aumento. Monk (1992) argumenta que os sujeitos consideram o sistema de representação do gráfico de forma pontual, na qual o gráfico apenas serve para a localização de pontos. Porém, um gráfico por natureza representa inter-relações entre variáveis, mas alguns estudantes não conseguem considerar simultaneamente mais de um fator. Não conseguem, tampouco, compreender que numa série de eventos não basta representar apenas a situação final construindo um gráfico com apenas um ponto. Mevarech e Kramarsky (1997) colocam que um argumento interessante dado por algumas crianças é considerar que numa série de eventos somente o último deve ser considerado ou que em matemática somente a resposta final deve ser considerada.

Interpretar e construir: qual a relação?

Refletindo sobre a relação entre interpretar e construir, busquei comparar o desempenho dos alunos na Atividade 3 (interpretação na qual para cada descritor encontrávamos três valores) e na Atividade 5 (construção do gráfico ordinal). O gráfico apresentado na Atividade 3 mostrava o número de pessoas que tinham ido a parques durante três meses e observa-se que os alunos apresentaram um bom desempenho, mostrando que eles compreenderam esse tipo de representação. Entretanto, essa mesma representação quase não foi utilizada na construção dos gráficos da Atividade 5, que também apresentavam múltiplos valores para cada descritor.

Apesar desse baixo percentual de alunos registrando um aumento, deve-se ressaltar que alguns alunos conseguiram executar a atividade de forma eficiente, então, é possível propor esse tipo de atividade para alunos dessa faixa etária.

Diante dessa constatação, resolvi investigar mais duas duplas com a mesma faixa etária e propor essas atividades, porém nessa situação foram realizadas algumas intervenções, como pode ser observado no diálogo a seguir, para saber em que os alunos poderiam avançar a partir de algumas explicações. Apresentei uma atividade similar à Atividade 5, na qual o que aumentava era o peso de 3 peixes durante 3 meses. Uma dessas duplas (J e T) resolveu a tarefa e, como outras que já relatamos, considerou que a resposta correta implicava a soma de todos os valores. Após a resposta das alunas realizei o seguinte diálogo:

P: Tenho duas amigas, uma pesava 45 e a outra pesava 50 (escrevo em uma folha). *Agora essa* (apontando para 45) *tá pesando 49 e essa, 51. Quem foi que engordou mais?*

As duas alunas: Ela (apontando para a que passou de 45 para 49).

P: Por quê?

T: Porque ela engordou 4 kg e aqui só 1.

P: Ah! E qual dos peixes engordou mais? (retomando a atividade que elas haviam acabado de responder)

J: *Peraí, deixa eu ver... 4. Engordou 4.*

P: *4 aonde?*

J: *Aqui, porque 26, 27, 28, 29. Dá 4* (vão resolvendo todos os aumentos corretamente).

Como pode ser visto, essa dupla mostra que a compreensão sobre a representação de uma variação em gráficos de barras não é tão difícil, pois após apenas a reflexão de um exemplo, que considero mais familiar, compreendem o que se pede e transferem o mesmo raciocínio para a situação anterior à qual haviam respondido de forma inadequada. Parece que a comparação e as questões da pesquisadora foram suficientes para as duas alunas compreenderem o que estava sendo solicitado.

Pode-se, então, afirmar que para os alunos dessa faixa etária interpretar e representar dados em situações pontuais e compreender a localização de variação apresentou-se como uma tarefa difícil, independentemente do tipo de representação ser gráfico ou tabela. Entretanto, uma vez que alguns alunos foram capazes de interpretar e representar variações, essa dificuldade pode ser explicada em função da pouca exploração proposta a eles.

Tais resultados nos levam a refletir se os alunos apresentam, realmente, dificuldades com a compreensão de uma análise variacional ou se, por outro lado, isso se dá por ausência de um trabalho mais sistematizado sobre o conceito.

Por outro lado, como argumenta Hancock (1991), os professores têm pouca familiaridade e experiência para discutir com os alunos como explorar um banco de dados e sua representação. Essa ênfase que vem sendo dada ao trabalho com estatística requer uma intensa preocupação com a formação dos professores, como enfatiza Batanero, Godino e Green (1992).

Tierney e Nemirovsky (1991) acrescentam, a essa discussão, uma observação de como os alunos selecionam as informações que são relevantes de serem comunicadas e afirmam que uma dificuldade dos alunos é saber quais dados devem ser representados em um gráfico em função de seus objetivos.

Uma vez que um gráfico tem a função de comunicar algo, considerei imprescindível analisar se os alunos estavam preocupados com a identificação do que estavam representando. Para analisar esses itens, considerei se o aluno realizou uma nomeação tanto para os que fizeram barras como para os alunos que pintaram os quadrados próximos, pois considerei importante saber se eles tinham uma preocupação em explicitar o que expressavam aquelas pinturas. Assim, foi encontrado que 20% dos alunos nomearam suas *pinturas* de uma forma que indicava os dados que estavam sendo representados por eles, mesmo que não representassem a variação.

Um número menor de alunos que nomearam na Atividade 4 as barras de forma correta, realizou nomeações na Atividade 5. Tal fato leva a refletir se essa variação nos percentuais pode ser atribuída à dificuldade de registrar os dados no gráfico da Atividade 5, ao desestímulo de alguns alunos diante dessas dificuldades ou a um esquecimento diante de outras demandas cognitivas mais prementes. Por outro lado, observei que um número maior de alunos nomeou corretamente as pinturas realizadas do que aquele que representou os dados de forma correta. Esse dado é relevante para refletirmos que nomear as barras não está diretamente relacionado a saber representá-las corretamente e sim a uma preocupação de explicitar o que se quer comunicar. Esse dado deve ser valorizado, pois mostra a preocupação dos alunos com a função comunicativa desse tipo de representação.

O que os alunos mostraram compreender sobre escala?

A compreensão da escala ou da unidade com a qual ela é organizada é uma das questões relevantes à compreensão desse tipo de representação. Tierney, Weinberg e Nemirovsky (1992) afirmam que quando os alunos interpretam um gráfico eles são capazes de compreender a escala, entretanto, quando constroem seus gráficos não apresentam escalas, talvez por não a considerarem como um elemento relevante. Padilla et al. (1986) encontraram que apenas 32% de seus sujeitos com 11 anos de idade compreendiam as escalas. Curcio (1987) e Ainley (2000) afirmam que o uso de escalas é o maior marcador das dificuldades dos alunos.

Em relação à interpretação dos gráficos, os dados mostraram que quando o valor solicitado estava explícito na escala os alunos não apresentaram dificuldades, entretanto, quando os valores precisavam ser inferidos, vários alunos apresentaram dificuldades. Por valor explícito entende-se aqueles que estão escritos na escala (como o mês de janeiro na Atividade 2) e por valor não explícito aqueles que estão nos intervalos da escala (nessa mesma atividade, o valor do mês de fevereiro). Dessa forma, os resultados parecem corroborar com a ideia de que a leitura da escala não é uma tarefa simples, entretanto, acredito que a leitura não é uma tarefa simples apenas quando os valores não estão explícitos.

Na Atividade 2 (questão *h*), por exemplo, apenas 18,7% dos alunos conseguiram responder corretamente. A resposta a essa questão era um valor intermediário entre os valores 40 e 60 expressos na escala. Observa-se que a maioria dos alunos (62%) soube identificar somente uma aproximação do valor real. Encontrei respostas muito interessantes como, por exemplo, 42, 50 ou 40,5. Essas respostas mostram diferentes compreensões sobre a escala. Responder 40,5 indica que o aluno pensou que não era 40 e, sim, 40 mais a metade do intervalo até 60, por isso = 0,5. Já o aluno que responde 50, busca dividir o intervalo em unidades iguais e como a barra termina aproximadamente na metade entre 40 e 60 ele, com pertinência, responde 50. Esse mesmo tipo de dificuldade ocorreu quando os alunos foram solicitados a localizar uma categoria a partir de uma frequência e o valor não estava explícito. Foi encontrado que 23% dos alunos mostraram-se inseguros sobre como responder, pois como argumenta um deles: "Porque eu não sei, aqui não tem 48, só tem 40".

Esses resultados podem ser reforçados pelas observações em relação à utilização de escala na construção de suas representações, nas quais a escala foi adequadamente utilizada quando era possível estabelecer uma correspondência direta entre cada quadrado e um indivíduo de uma malha quadriculada. Quando a representação de um quadrado para cada valor unitário não era possível, uma vez que os valores a serem representados eram superiores à altura da malha quadriculada oferecida, os alunos apresentaram dificuldades em representar os dados na escala.

Alguns alunos após executar a atividade individualmente foram solicitados a refletir em duplas, pois busquei observar como esse alunos argumentavam suas resoluções. No diálogo a seguir, ocorrido durante a construção do gráfico da Atividade 5, pode-se perceber como a proposta dificultou bastante o desempenho dos alunos:

A dupla diante da dificuldade olha os gráficos das páginas anteriores e fica sem saber o que fazer.

L: *Bora olhar pro gráfico.*

R: *Que demora!*

Silêncio

R: *Já sei 10.*

L: *A gente bota os números aqui.*

R: *10, 1, 2, 3, 4...* (começam a escrever os números da tabela em ordem crescente, um para cada quadrado)

L: *Agora tem que ligar 16 com janeiro.*

R: *17 também.*

L apaga e R olha. Ficam sem saber o que fazer.

R: *A gente deixa essa em branco.*

...

R: *Deixa eu ver aquele que a gente fez* (Olha para o gráfico com dados nominais). *Mas é os números.*

L: *Por isso que não dá. Não dá para dividir aqui* (apontando para a malha).

Por outro lado, o fato de estabelecer uma escala adequada para representação dos dados não levou os alunos a necessariamente utilizá-la. Alguns alunos faziam registros de escala (numeravam ao lado da barra), mas essa não tinha nenhuma correspondência com os dados representados, o que demonstra que eles podem criar escalas, mas não necessariamente sabem utilizá-la.

Porém, como o apresentado no exemplo a seguir, o aluno preocupou--se em registrar barras e corresponder a um número na escala, entretanto, essa escala não apresentava ordem nem regularidade (Figura 3).

Figura 3
Representação da escala desordenada

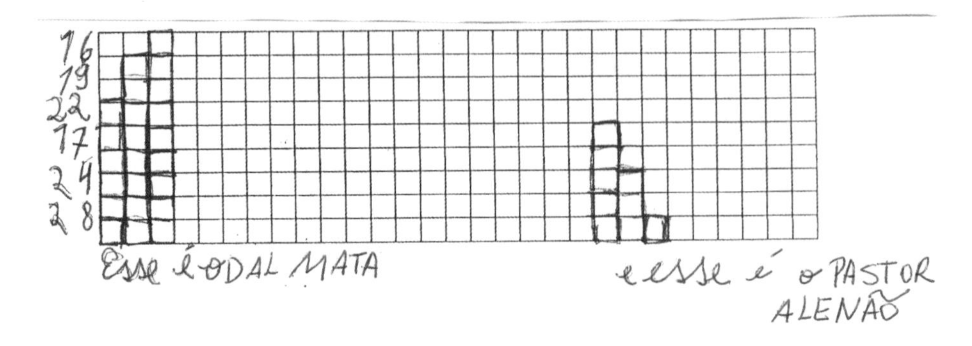

Utilizando de novo aquela análise multidimensional que apresentei anteriormente, busquei averiguar que relações os alunos estabeleciam entre ler e construir uma escala e observei que não houve correlação entre essas situações. Os alunos que tiveram um bom desempenho nas questões que envolviam a interpretação de uma escala não necessariamente souberam construir uma escala e vice-versa, independentemente do tipo de variável.

Refletindo se o uso de escalas é o maior marcador das dificuldades dos alunos acredito que a dificuldade dos alunos está na compreensão dos valores contínuos apresentados na escala, na qual é necessário que eles estabeleçam a proporcionalidade entre os pontos explicitados na escala adotada.

Como podemos ver, muito ainda há para ser investigado. Essa discussão sobre a compreensão de uma escala parece fundamental de ser realizada nas escolas. Entretanto, muitas vezes tem-se visto professores trabalhando apenas com a aprendizagem da nomeação das medidas padrões e suas transformações, esquecendo-se de que é fundamental trabalhar também com os alunos o que é medir e a necessidade de se estabelecer uma unidade de medida compatível com o que se deseja medir.

Enfim, acredito que nesse estudo foram levantadas algumas compreensões e incompreensões de alunos de 3ª série do Ensino Fundamental em relação à interpretação e construção de gráficos de barras. Entretanto, muito há, ainda, para se pesquisar nessa área de representações gráficas. Diferentes estudos são importantes de serem realizados, pois cada situação salienta ou esconde determinadas propriedades de um conceito.

Fica aqui a certeza de que os alunos são capazes de interpretar e construir representações gráficas e que cabe à escola auxiliá-los nessa trajetória de refletir sobre essas representações.

Referências bibliográficas

AINLEY, J. Exploring the transparency of graphs and graphing. *Proceedings of the 24th Annual Meeting of the International Group for the Psychology of Mathematics Education*. Japan, 2000.

AROUCA, L. S. Relação ensino-pesquisa: a formação do educador em educação. In SEVERINO, A. J.; FAZENDA, I. C. A. (Orgs.). *Conhecimento, pesquisa e educação*. Campinas: Papirus, 2001.

BATANERO, C.; GODINO, D. R.; GREEN, P. H.; VALLECILLOS, A. Errores y dificultades en la comprension de los conceptos estadísticos elementales. *International Journal of Mathematics Education in Science and Technology*, v. 25 n. 4, p. 527-547, 1992.

BELL, A.; JANVIER, C. The interpretation of graphs representing situations. *For the Learning of Mathematics*, v. 2, p. 34-42, 1981.

BORBA, R.; PESSOA, C.; SANTOS, R. O livro didático de Matemática de 1ª a 4ª série e o ensino-aprendizagem das estruturas aditivas. *Anais do XXVI Congresso Interamericano de Psicologia*. PUC-São Paulo, 1997.

BORBA, R.; SANTOS, R. Analisando a resolução de problemas de estruturas aditivas por crianças de 3ª série, *Anais da 49ª Reunião Anual da SBPC*. Minas Gerais, 1997.

BORG, I.; LINGOES, J. C. *Multidimensional similarity structure analysis*. New York: Springer, 1987.

BRASIL, Secretaria de Educação Fundamental. *Parâmetros Curriculares Nacionais: Matemática, Ensino de 1ª à 4ª série*. Brasília: MEC/SEF, 1997.

CURCIO, F. R. Comprehension of mathematical relationships expressed in graph. *Journal for Research in Mathematics Education*, n. 18, p. 382-393, 1987.

FALBEL, A.; HANCOCK, C. Coordinating sets properties when representing data: the group separation problem. *Proceedings of the 17th Annual Meeting of the International Group for the Psychology of Mathematics Education*. Japan, 1993, p. 17-24.

GUIMARÃES, G. L. *Classificando animais*: existe forma correta? Trabalho não publicado, 1995.

______; GITIRANA, V.; ROAZZI, A. Categorização e representação de dados no Ensino Fundamental. 23ª Reunião Anual da ANPED. Caxambu, 2000.

HANCOCK, C. *The Data Structures Project*: Fundamental data tools for mathematics and science education. Technical Education Research Centres, Inc., 1991.

HOYLES, C.; HEALY, L.; POZZI, S. Homing in on data handling: a case study. *Computers in New Zealand Schools*, v. 3, n. 6, 1994.

JANVIER, C. The interpretation of complex cartesian graphs representing situations — studies and teaching experiments. Tese de Doutorado. University of Nottingham, 1978.

JONES, G. A.; LANGRALL, C. W.; THORTON, C. A.; MOONEY, E. Using students statistical thinking to inform instruction. *Proceedings of the 24th Annual Meeting of the International Group for the Psychology of Mathematics Education*. Japan, 2000, p. 94-102.

KERSLAKE, D. Graphs. In: HART, K. M. (Org.). *Children's understanding of mathematics concepts*. London: John Murray, 1981, p. 120-136.

LEINHARDT, G.; ZASLAVSKY, O.; STEIN, M. K. Functions, graphs, and graphing: tasks, learning, and teaching. *Review of Educational Research*, v. 60, n. 1, p. 1-64, 1990.

LERNER, D. O ensino e o aprendizado escolar. Argumentos contra uma falsa oposição. In Piaget-Vygotsky. São Paulo: Ática, 1996, p. 87-146.

LINS, W. *Procedimentos de classificação na formação de professores*. Trabalho não publicado, 1999.

______. Procedimentos lógicos de classificação através de um banco de dados: Um estudo de caso. Monografia apresentada no Curso de Especialização em Informática na Educação. UFPE, 2000.

MEVARECH, Z. R.; KRAMARSKY, B. From verbal descriptions to graphic representations: stability and change in students alternative conceptions. *Educational Studies in Mathematics*, v. 32, p. 229-263, 1997.

MONK, G. S. A framework for describing students understanding of functions. Trabalho apresentado no Annual Meeting of the American Educational Research Association. San Francisco, 1989.

______. Students' understanding of a function given by a physical model. *MAA Notes*, n. 25, p.175-94, 1992.

NEMIROVSKY, R.; MONK, S. "If you look at it the order way...". An exploration into the nature of symbolizing. In: COBB, P.; YACKEL, E.; McCLAIN, K. (Orgs.). *Symbolizing and communicating in Mathematics classrooms: perspectives on discourse, tools and instructional design*. New Jersey: Lawrence Earlbaum Associates, 2000.

PADILLA, M. J.; MACKENZIE, D. L.; SHAW, E. I. An examination of the line graphing ability of students in grade seven through twelve. *School Science and Mathematics*, n. 86, 1986.

PESSOA, C. S.; FALCÃO, J. T. R. Estruturas aditivas: conhecimentos do aluno e do professor. *XXII Encontro de Pesquisa Educacional do Nordeste — EPEN*. Salvador, 1999.

PONTE, J. P.; OLIVEIRA, H., BRUNHEIRA, L.; VARANDAS, J. M.; FERREIRA, C. O trabalho do professor numa aula de investigação matemática. *Quadrante*, v. 7, n. 2, p. 41-70, 1999.

PREECE, J. Graphs are not straightforward. In GREEN e PAYNE (Orgs.). *The psychology of computer task. A European Perspective*. London: Academic Press, 1983, p. 41-56.

RIBEIRO, R. P.; NUÑEZ, I. B. O desenvolvimento dos procedimentos do pensamento lógico: comparação, identificação e classificação. *Revista Educação em Questão*, v. 7, n. 1/2, p. 40-66, 1997.

SANTOS, M. S.; GITIRANA, V. V. A interpretação de gráficos de barra, com variáveis numéricas, em um ambiente computacional de manipulação de dados. *Anais do XIV Encontro de Pesquisa Educacional do Nordeste — EPEN*. Salvador, 1999.

SELVA, A. C. V. Gráficos de barras e materiais manipulativos: analisando dificuldades e contribuições de diferentes representações no desenvolvimento da conceitualização matemática em crianças de seis a oito anos. Tese de doutorado. UFPE, 2003.

SOUZA, D. A.; BARBOSA, R.; GUIMARÃES, G. Uma proposta de sequências didáticas sobre interpretação de gráficos em turmas de 3ª série. Trabalho de conclusão do curso de Pedagogia da UFPE, 2004.

SPAVOLD, J. Children and databases: na analisys of data entry and query formulation. *Journal of Computer Assisted Learning*, n. 5, p. 145-160, 1989.

TALIZINA, N. F. La formacion de la actividad cognoscitiva de los escolares. Cuba: Universidad de La Habana, 1987.

TIERNEY, C.; NEMIROVSKY, R. Children's spontaneous representations of changing situations. *Hands on!*, v. 14, n. 2, p. 7-10, 1991.

______; ______; WEINBERG, A. Telling stories about plant growth: fourth grade students interpret graphs. *Proceeding of the 16nd Annual Meeting of the International Group for the Psychology of Mathematics* Education. USA, n. 3, p. 66-73. 1992.

VERGNAUD, G. *L'enfant, la mathématique et la realité*. Berna: Editions Peter Lang, 1985.

______. Conclusion. *Problems of representation in the teaching and learning of mathematics*, n. 18, p. 227-23, 1987.

Capítulo 5

O Cabri-Géomètre e o desenvolvimento do pensamento geométrico: o caso dos quadriláteros*

*Marcelo Câmara dos Santos***

Apesar dos avanços consideráveis observados nas pesquisas em Educação Matemática nos últimos anos, os resultados desses trabalhos esbarram, ainda, na dificuldade de transpô-los das situações experimentais em que foram concebidos para a efetiva aplicação em sala de aula. As consequências são um distanciamento progressivo entre os resultados extremamente positivos dessas pesquisas, e a realidade complexa e particular da sala de aula em Matemática.

Se considerarmos, particularmente, o ensino da geometria, a situação apresenta-se como muito mais preocupante. De fato, a falta de articulação entre a pesquisa educacional no domínio da geometria e o funcionamento cotidiano das classes de matemática, nesse campo, têm provocado

* Esse trabalho teve o apoio do CNPq — Sistema de Produtividade em Pesquisa.

** marcelocamaraufpe@yahoo.com.br

o aparecimento de alguns efeitos que podem, até mesmo, comprometer a aprendizagem dos conceitos geométricos. Pode-se observar que, se por um lado o desenvolvimento dos trabalhos sobre o processo de ensino--aprendizagem em Geometria contribuiu bastante para a atenuação de uma certa tendência formalista, predominante a partir do movimento da Matemática Moderna, por outro lado a incompreensão, ou dificuldades de reprodução em sala de aula desses resultados, fez crescer a tendência a uma manipulação inconsistente na aprendizagem de geometria, provocando, muitas vezes, efeitos nocivos à aprendizagem.

Neste trabalho tomamos como objetivo principal estudar as condições efetivas de articulação entre os resultados de fundo teórico obtidos pelas pesquisas em Educação Matemática e seus efeitos na sala de aula. Mais particularmente, buscamos centrar nosso enfoque no estudo dos efeitos didáticos do *software* Cabri-Géomètre no desenvolvimento dos níveis de pensamento geométrico de Van-Hiele. Nosso estudo se voltou para o desenvolvimento dos níveis iniciais do pensamento geométrico, segundo o modelo de Van-Hiele. Utilizando a ideia de "situação-problema"[1] como base de uma sequência didática, nos foi possível mostrar em que medida o emprego do Cabri-Géomètre como instrumento didático permitiu um avanço significativo nos níveis de pensamento geométrico dos alunos.

O ensino-aprendizagem da Geometria

Podemos facilmente constatar que o ensino da geometria no Ensino Fundamental e Médio brasileiro está doente; doença que Sergio Lorenzatto chama de *omissão geométrica* (Lorenzatto, 1995). Ainda que possamos observar que a reflexão sobre as questões relativas ao ensino-aprendizagem da Geometria tem se intensificado, nos últimos anos, a maior parte das questões levantadas por Lorenzatto continua presente em nossas salas de aula.

---

1. Por situação-problema entendemos um problema cujo conceito matemático que permite sua execução não foi ainda aprendido pelo aluno. Dessa forma, a situação é estruturada de forma a levá-lo à construção desse conceito. Para maiores detalhes veja Câmara, 2002.

As causas desta "doença" se apresentam sob múltiplos aspectos. Um deles diz respeito à formação do próprio professor que, durante seu percurso de Universidade, encontra — quando encontra — poucos contatos com esse ramo da matemática. Dessa maneira, torna-se perfeitamente justificado o argumento que ouvimos frequentemente dos professores que não se pode ensinar bem aquilo que não se conhece. Verifica-se, por outro lado, uma excessiva valorização do livro didático pelos professores, o qual serve como um guia no desenvolvimento da escolaridade, associado à estafante jornada de trabalho a que eles são submetidos — o que impede até mesmo uma reflexão sobre o papel desse livro didático. Nessas condições, a geometria não encontra seu lugar dentro do ensino de Matemática senão na forma de uma espécie de *apêndice curricular*, apresentado de modo fortemente fragmentado, relegado à condição de último capítulo do livro, aquele que, coincidentemente, não encontra tempo de ser visto durante o ano escolar.

A importação irrefletida das ideias do movimento denominado *Matemática Moderna*, na segunda metade dos anos sessenta, também apresenta sua parcela de contribuição à situação em que se encontra, atualmente, o ensino da geometria. A proposta desse movimento de algebrizar a geometria não vingou no Brasil, "mas conseguiu eliminar o modelo anterior, criando assim uma lacuna nas nossas práticas pedagógicas, que perdura até hoje" (Lorenzatto, 1995). Dessa forma, caminhamos durante quase quarenta anos sem um modelo que restabeleça o lugar do ensino da geometria no nosso sistema educacional.

Nesse contexto, partimos da ideia que é preciso que se desenvolvam atividades em que os alunos sejam levados a avançar no desenvolvimento dos níveis de pensamento, e, dessa forma, o *software* Cabri-Géomètre apresenta-se como uma ferramenta privilegiada para a construção dessas atividades.

Questões epistemológicas ligadas ao ensino da geometria

À parte as questões de ordem institucional, citadas anteriormente, que contribuem para o abandono do ensino de geometria em nossas escolas, podemos encontrar outros fatores que acentuam essa situação. Em particular, encontra-se a questão do *status* da geometria dentro do campo de conhecimento matemático e sua relação com a realidade encontrada pelo aluno no seu dia a dia.

No que se refere à dimensão epistemológica do ensino da geometria, podemos dizer que

> (...) o ensino da geometria apresenta dificuldades particulares que o diferenciam do ensino de outros ramos da matemática e que são devidas, principalmente, ao lugar que ela ocupa na fronteira entre o sensível e o inteligível. A geometria funcionaria, assim, tanto como instrumento de compreensão da realidade natural complexa, quanto como construção ideal cuja estética nos aproxima das concepções platônicas (Câmara dos Santos, 1992).

Segundo Rudolf Bkouche, "a Geometria é um dos lugares no qual essa distinção entre o sensível e o inteligível se elabora" (Bkouche, 1988). Referindo-se, de alguma maneira, a uma concepção platônica, apoiada sobre uma visão idealizada da Matemática, o autor concebe o homem como o agente construtor da ponte de ligação entre esses dois mundos, satisfazendo a necessidade inerente ao ser humano de compreender o mundo no qual ele vive. Assim, podemos dizer que os problemas que tratam das ligações entre os objetos reais, os dados originários da observação e da percepção e os objetos teóricos e abstratos do domínio do conhecimento, aparecem de maneira singular em Geometria.

Com um papel preponderante no desenvolvimento da história da ciência, a dialética sensível-inteligível parece sofrer um efeito de polarização, seja através de uma priorização da *Geometria do artesanato*, seja pela apologia do *slogan* bourbaquiano "depois dos gregos, falar em matemática significa falar em demonstração" (Bourbaki, 1962). Essa dialética aparece estreitamente ligada aos aspectos didáticos da geometria. De forma resumida, poderíamos colocar em evidência dois grandes posicionamentos do ensino da geometria, nos quais os objetos geométricos adquirem *status* essencialmente opostos. Assim, até a primeira metade do século XX, a concepção corrente da geometria é aquela de um instrumento de descrição do mundo real ou sensível. Os objetos geométricos são idealizados a partir de um substrato real. Os casos de congruência de triângulos, como proposto por Euclides nos seus *Elementos*, são um exemplo bem característico, em que dois triângulos são congruentes se eles podem ser sobrepostos.

Depois do movimento da Matemática Moderna nos anos sessenta, a geometria assume no sistema educativo um novo papel, aquele de modelo matemático eventualmente aplicável a situações reais. Os objetos geométricos tornam-se então seres ideais, capazes de descrever a realidade. As situações didáticas vão, assim, encontrar seu suporte sobre o grafismo, e a conceitualização vai ser orientada no sentido do reconhecimento das formas geométricas. As figuras geométricas vão, dessa maneira, mudar de *status*. Se, quando das primeiras aprendizagens no período pré-Matemática Moderna, as figuras geométricas tinham sobretudo o *status* de significado, elas vão, a partir daí, assumir a posição de significantes, ou seja, de representações de objetos ideais. O pensamento matemático dos alunos deve ser orientado a trabalhar, preferencialmente, sobre esses objetos ideais. Essas evoluções induzem, em consequência, uma modificação do ponto de vista das propriedades das figuras, em que seu aspecto descritivo vai ceder lugar a um novo *status* — aquele da proposição e da manipulação de teoremas.

O modelo de Van-Hiele

Sustentado pelos resultados obtidos nos estudos em psicologia genética de Piaget, o professor holandês P.-M. Van-Hiele (Van-Hiele, 1959) defendeu uma tese sobre o problema da intuição (em particular sobre o papel da intuição no ensino da geometria). Nesse sentido, ele propôs um modelo para a aprendizagem da geometria em acordo com as ideias sobre o desenvolvimento da inteligência de Piaget. Van-Hiele parte de duas premissas básicas:

- o objetivo do ensino da geometria é levar o aluno à aquisição de uma rede de relações servindo à expressão de raciocínios, rede na qual as relações são ligadas de forma lógica e dedutiva;

- essa rede de relações deve ser construída pelo próprio aluno, recusando a ideia de receber do professor uma rede relacional completamente pronta.

Essas premissas seriam justificadas da seguinte maneira: primeiro, esta rede pronta a ser utilizada não deixaria ao aluno a possibilidade de compreender essas relações, a partir do momento em que elas não são baseadas sobre as próprias experiências. Assim, essa rede seria esquecida em pouco tempo. Segundo, a rede não teria nenhuma relação com o mundo imediato do aluno, uma vez que ela seria absorvida em pequenos pedaços e o aluno não seria capaz de fazer a ligação entre o que ele acaba de aprender e as outras relações da rede já instalada. Finalmente, mesmo que o aluno tenha sucesso em aplicar essa rede pronta em situações escolares especialmente elaboradas para ele, esse aluno não teria condições de construir uma rede relacional dedutiva em um domínio novo para ele, ou seja, em situações diferentes daquelas em que foi realizada a aprendizagem.

A proposta é que a obtenção dessa rede de representações relacionais exige um longo percurso no qual se pode identificar diferentes níveis do pensamento geométrico. Cada um desses níveis apresenta particularidades próprias e, além disso, os objetos matemáticos assumem *status* diferentes em cada um deles.

Segundo Van-Hiele, no *nível zero*, as figuras são percebidas em função de suas aparências e não por suas propriedades. A criança é capaz de reconhecer um retângulo ou um quadrado, e mesmo de os reproduzir sem erros, mas um quadrado não pode ser tomado por um retângulo, pois sua aparência é diferente. As figuras são, então, percebidas enquanto objetos, pois elas são ligadas de maneira afetiva à criança (ex.: meu quadrado é diferente do seu). Nesse ponto, as situações didáticas podem ser elaboradas com o objetivo de efetuar a passagem a um segundo nível; elas deverão permitir ao aluno a percepção das figuras como portadoras de suas propriedades. Assim, um losango não deve mais ser reconhecido por sua aparência, mas porque ele tem lados iguais e suas diagonais são perpendiculares e que se cortam ao meio, ou essas duas propriedades reunidas.

O autor avança afirmando que durante a passagem do nível de base ao primeiro nível, é a manipulação das figuras que faz nascer uma estrutura e essa estrutura alimenta o pensamento no primeiro nível. Assim as figuras se tornam novos símbolos definidos por suas relações com outros símbolos.

No *nível um*, chamado *o aspecto da geometria*, as figuras se caracterizam, então, pelo fato de serem portadoras de suas propriedades. Um desenho representando um quadrilátero que apresenta quatro ângulos retos pode ser identificado como sendo um retângulo, mesmo se o desenho não é perfeito. Nesse nível, como as propriedades não podem ainda ser ordenadas, o quadrado não poderá ser identificado como um losango. Van-Hiele propõe, uma vez mais, o recurso de materiais para manipulação a fim de levar o aluno a superar uma nova etapa em direção ao nível dois. Essa passagem seria caracterizada pelo surgimento das relações que ligam as propriedades das figuras (ex.: a soma dos três ângulos internos de um triângulo vale 180°), e, também, pelo instante no qual essas propriedades começam a se ordenar logicamente. Assim, a propriedade citada acima seria a propriedade que precederia a proposição: "a soma dos ângulos internos de um quadrilátero vale 360°".

Estudos anteriores, baseados na aplicação de sondagens dos níveis de Van-Hiele em alunos de terceiro e quarto ciclos do Ensino Fundamental, identificam que a grande maioria desses alunos se encontrava até esses dois primeiros níveis.

Na chegada ao *nível dois*, chamado *a essência da geometria*, o aluno deve ser capaz de perceber que as propriedades se deduzem umas das outras (ex.: a propriedade dos ângulos alternos internos permite obter a propriedade da soma das medidas dos ângulos internos de um triângulo). Nós devemos observar também que nesse nível, o significado intrínseco da demonstração não é ainda apreendido pelos alunos. A verificação do encadeamento lógico das propriedades permitirá nesse nível, por exemplo, que um quadrado seja reconhecido como sendo um losango. O percurso em direção ao nível três propõe como objetivo de base levar o aluno a compreender o que significa ordenar logicamente. Os objetos de estudo deixam, então, de ser as configurações e as propriedades tomadas de maneira isolada, sendo substituídos pelas proposições. A partir da ordenação dos teoremas, será possível estabelecer as ligações entre uma proposição e suas recíprocas, razão pela qual os axiomas e as definições são indispensáveis, e será possível saber diferenciar quando uma condição é necessária e quando ela é suficiente etc.

O *nível três, o nível do discernimento em geometria*, é aquele em que o aluno é capaz de ordenar logicamente as proposições que foram estabelecidas quando das fases precedentes.

Van-Hiele identifica, finalmente, a existência de um *quarto nível, o nível do discernimento em matemática*, que seria caracterizado por processos essencialmente matemáticos. Nesse nível, o aluno operaria unicamente dentro de um esquema abstrato de uma rede de relações inteiramente construída por ele mesmo.

Entretanto, Van-Hiele evidencia que esse processo de construção do pensamento geométrico não seria ligado somente a uma maturação ontogenética, mas que ele é produto da ação educativa. A escolha das situações didáticas poderia agir não somente no sentido de catalisar o processo, mas também servir de agente limitador do desenvolvimento, podendo mesmo impedir o aluno de atingir os níveis mais elevados do processo. Seria o caso, por exemplo, de exigir que o aluno faça demonstrações correspondentes a um nível superior ao que lhe permitiria seu pensamento geométrico. A aprendizagem de um sistema dedutivo exige antes de tudo paciência. Esse sistema não existe antes do terceiro nível de pensamento, e sua essência não é percebida antes do quarto nível.

Dessa maneira, podemos dizer que a geometria se encontra na confluência de dois mundos: o mundo do sensível e aquele do inteligível. Mundos bem definidos e com características diferentes, é claro, mas sempre ligados por uma ponte que aluno deve poder atravessar na medida de suas necessidades e sempre que a situação exija. Mas o que impulsiona o aluno a atravessar essa ponte em direção a um mundo cultural que lhe é estranho? O que se deve fazer para que o aluno seja capaz de passar de um mundo a outro no momento em que ele tem necessidade?

O *software* Cabri-Géomètre

Desenvolvido em Grenoble, na França, pelo Laboratoire de Structures Discrètes et de Didactique (LSD2), o *software* Cabri-Géomètre apresenta a particularidade de satisfazer, ao mesmo tempo, duas características: ser um instrumento (e produto) de pesquisa nas áreas de Educação Matemática e Informática Educacional e apresentar-se como um instrumento didático de grande difusão.

Desenvolvido com o objetivo de contribuir para a formação, no aluno, do conceito de *figura geométrica*, o Cabri toma como suporte teórico a distinção entre *figura geométrica* e *desenho geométrico* (Laborde e Capponi, 1994). Nessa perspectiva, figura geométrica designaria o objeto teórico geométrico, constituído por um conjunto de elementos geométricos ligados por relações. Por outro lado, o desenho adquire o *status* de representação material desse objeto teórico, como, por exemplo, um traçado na areia, no papel, na tela do computador ou em qualquer outro suporte físico. Por exemplo, a figura definida por duas retas paralelas cortadas por duas transversais origina uma infinidade de desenhos, tais como:

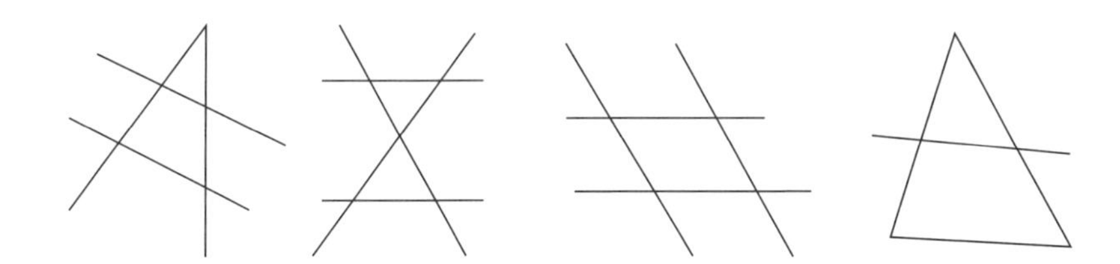

Contrapondo-se à aprendizagem tradicional da geometria, que utiliza como suporte principal o *desenho* produzido com papel e lápis, a concepção do *software* tomou como parâmetro a superação de obstáculos didáticos ligados ao ensino da geometria e amplamente repertoriados na literatura. Pelo seu aspecto dinâmico, o programa se propõe a transpor algumas dessas dificuldades, tais como:

- o fato que a leitura de um desenho é influenciada por seus aspectos perceptivos (por exemplo: direções principais do desenho paralelas à borda da folha de papel, traçado de retas que não se prolongam além do ponto de intersecção etc.);

- imperfeições de um desenho, que podem impedir a percepção de propriedades da figura (por exemplo: o desenho da tangente a uma circunferência pode levar à ideia de que a intersecção desses dois elementos é formada por um pequeno segmento etc.);
- o fato de que dois desenhos diferentes não são reconhecidos como sendo de uma mesma figura (por exemplo: um quadrado fora de sua posição prototípica é geralmente reconhecido como um losango, e não como um quadrado);
- dificuldades no momento de identificar, em um desenho, os elementos necessários à resolução de um problema (por exemplo: a diagonal de um retângulo não é vista, necessariamente, como formadora de dois triângulos de mesma área).

Dessa forma, o trabalho com o Cabri-Géomètre, mesmo que não encontre referência direta nos fundamentos teóricos da concepção do *software*, apresenta-se como um instrumento privilegiado no desenvolvimento dos níveis de pensamento geométrico propostos por Van-Hiele. De fato, pode-se observar três postulados que nortearam a concepção do Cabri-Géomètre que vão ao encontro desse modelo:

1. um mesmo desenho pode corresponder a várias figuras geométricas, segundo a leitura teórica que se faz desse desenho;
2. em geral, por si mesmo, um desenho não consegue dar conta da variabilidade dos elementos da figura à qual ele está associado (por exemplo: um ponto de um segmento deve ser considerado como pertencendo a um segmento ou à sua reta suporte?);
3. em geometria, o desenho funciona como auxílio e suporte do pensamento, mas não pode ser tomado como gerador de relações (por exemplo: um desenho mostrando duas retas de mesma direção não garante que elas sejam paralelas).

O *software* Cabri-Géomètre funciona como um caderno interativo, em que o aluno vai realizar os desenhos na tela do computador. Além do menu com as funções básicas de um *software* (arquivo, editar, opções, janelas e ajuda), ele apresenta 10 botões com ícones, que permitem a realização dos desenhos. Esses botões aparecem divididos em quatro grupos, cada grupo com uma certa função.

O primeiro grupo destina-se à construção de formas básicas, tais como ponto, ponto sobre objeto, ponto de intersecção, reta, segmento de reta, semirreta, vetor, triângulo, polígono, polígono regular, circunferência, arco e cônica.

O segundo grupo permite a construção de objetos a partir da relação com outros objetos já construídos. Fazem parte desse grupo as opções reta perpendicular, reta paralela, ponto médio, mediatriz, bissetriz, soma de vetores, compasso, transferência de medidas, lugar geométrico, simetria axial, simetria central, translação, rotação e homotetia. Um dos botões desse grupo permite a realização de macroconstruções; dessa forma o usuário pode, por exemplo, construir e gravar a construção de uma certa figura, que poderá ser recuperada posteriormente em um novo trabalho.

As verificações e cálculos se encontram agrupadas no terceiro grupo. Nele podemos verificar colinearidade, paralelismo, perpendicularismo, equidistância e pertencimento. Nesse mesmo grupo, um outro botão permite determinar distâncias e comprimentos, medidas de áreas, inclinações, medidas de ângulos e equações e coordenadas, além de contemplar uma calculadora e uma planilha.

Finalmente, o quarto grupo contém as ferramentas de formatação, tais como nomear os elementos construídos, marcar ângulos, estabelecer rastros de movimentos e realizar animações. O último botão permite esconder/mostrar objetos, mudar cores, preencher formas, formatar os traços (cores, pontilhados e espessura), além de apresentar eixos de coordenadas e grades na tela.

As atividades produzidas podem ser gravadas em diferentes suportes e impressas. Os desenhos realizados também podem ser copiados e exportados para outros programas. Por exemplo, os desenhos apresentados neste texto foram realizados no Cabri-Géomètre.

A sequência didática

Neste capítulo é apresentada uma sequência didática elaborada para ser desenvolvida com auxílio do *software* Cabri-Géomètre, descrito acima, baseando-se em três momentos: 1) introdução, 2) ângulos e circunferências e 3) construção de quadriláteros. Em cada um desses momentos, as atividades foram elaboradas no sentido de deixar o aluno livre para desenvolver suas próprias estratégias de resolução. Para cada uma das atividades desses momentos, foi solicitado dos alunos que eles fizessem algumas observações sobre as estratégias de resolução adotadas por eles. Além dessa demanda levar os alunos a refletir sobre o seu trabalho, essas observações constituíram-se em elementos fundamentais de análise.

Ao fim de cada momento, os alunos deveriam devolver a ficha de atividades com os registros escritos. Além disso, para cada uma das atividades os alunos deveriam gravar em disquete o trabalho realizado, o que nos permitiu resgatar de uma certa maneira os procedimentos realizados pelos alunos. Para tanto podemos nos servir da função videocassete, existente no *software*. Essa função permite ao professor acompanhar todas as etapas por que passou o aluno no desenvolvimento da atividade.

A sequência foi aplicada em duas turmas de quinta série de uma escola pública federal, contemplando aproximadamente 60 sujeitos. Deve-se ressaltar que esses sujeitos eram os alunos do próprio pesquisador, e que esse trabalho é sistematicamente realizado na escola.

Aproximadamente três semanas antes de iniciar o trabalho com a sequência didática, os alunos foram submetidos a um teste, que foi repetido três semanas após a finalização do trabalho com a sequência. Esse teste teve por objetivo identificar os avanços dos alunos, em termos de desenvolvimento do pensamento geométrico. Ele será descrito mais adiante. Em seguida, apresentaremos as atividades correspondentes aos três momentos da sequência.

1º Momento — Introdução

Esse momento constou de três atividades, e teve como objetivo familiarizar o aluno com a manipulação dos elementos do Cabri-Géomètre. Ele pode ser vivenciado em uma única sessão, de aproximadamente 100 minutos.

1ª atividade: Ponto médio e paralelismo

1) Construa o segmento *AB*.
2) Construa o ponto *M* no meio de *AB*.
3) Desloque o ponto *M*, e certifique-se de que ele continua no meio do segmento *AB*.
4) Desloque os pontos *A* e *B* e observe o que acontece. Escreva suas observações:

5) Construa um ponto *D*, fora do segmento *AB*.
6) Construa uma reta paralela ao segmento *AB*, passando por *D*.
7) Desloque os pontos *A*, *B* e *D*, observando o que acontece.

8) Salve o arquivo com o nome *A01.fig*

A atividade teve por objetivos iniciar o aluno no Cabri-Géomètre, bem como estabelecer a ideia de ponto médio como um elemento que nasce a partir de propriedades geométricas, e introduzi-lo no traçado de paralelas. Assim, a solicitação de se obter o "ponto *M* no meio do segmento *AB*", teve por finalidade não induzir, em um primeiro momento, o aluno a buscar a opção "ponto médio" no menu.[2] Esperava-se, assim, que num primeiro

2. O *software* permite ao professor habilitar e desabilitar funções no menu icônico. Por exemplo, seria possível eliminar, para uma certa sessão, a possibilidade do aluno determinar o ponto médio de um segmento automaticamente. Dessa forma, ele deveria obter esse ponto por meio de construções.

momento o aluno *criasse* um ponto, colocando-o em uma posição tal que, sob o aspecto da visualização, ele pareça estar no meio do segmento *AB*.

A instrução (3) tem a função de validação da construção realizada pelo aluno. Assim, se ele determina o ponto médio servindo-se unicamente da visualização, ao deslocar esse ponto ele não manteria a equidistância aos extremos do segmento. Por outro lado, se esse ponto tiver sido determinado por uma relação, ele não conseguiria movê-lo. Deve ficar claro que esse item poderia ser eliminado, deixando apenas o item (4). Porém, no Cabri-Géomètre, se o aluno estabelecer a posição do ponto *M* baseado unicamente nos aspectos visuais, o deslocamento dos pontos *A* e *B* não daria o retorno esperado, visto que o programa mantém, pelo menos visualmente, o ponto *M* com a mesma distância para os pontos *A* e *B*.

Com o item (6), pretendeu-se levar o aluno a adquirir familiaridade com a construção de paralelas, utilizando esta opção no menu. O item (7) objetiva funcionar como um retorno ao aluno da correção de sua construção, visto que se a reta paralela não tiver sido construída pelo estabelecimento de uma relação com o ponto *D*, a construção não permanecerá com as características desejadas.

2ª atividade: Simétrico de um ponto em relação a outro

1) Crie os pontos *A* e *P*.
2) Construa a reta *r* que passa por *A* e *P*.
3) Construa um ponto *B* da reta *r*, de tal forma que a distância de *A* até *P* seja a mesma de *P* até *B*.
4) Aproxime o ponto *A* do ponto *P*.
5) O ponto *B* também se aproxima?
6) Se não, apague o ponto *B*, crie outro e tente outra vez.
7) Explique como você construiu o ponto *B*, para que ele satisfaça a condição solicitada:

8) Salve o arquivo com o nome *A02.fig*

O objetivo dessa segunda atividade foi introduzir a ideia de ponto simétrico em relação a outro, ideia esta que será utilizada no momento de se estabelecer que as diagonais dos paralelogramos se cortame ao meio. No item (3), espera-se que, em um primeiro momento, os alunos representem o ponto *B* baseados apenas na visualização, estabelecendo distâncias visuais. Dessa forma, o item (4) e a questão do item (5) devem provocar o conflito, levando-os a buscarem outra solução. Para estabelecer a equidistância entre o ponto *B* e os pontos *A* e *P*, os alunos devem recorrer à ideia de ponto médio, estabelecida na primeira atividade.

3ª atividade: Perpendicularismo e paralelismo

1) Crie os pontos *A* e *B*.
2) Construa a reta *s* que passa por *A* e *B*.
3) Construa as retas perpendiculares a *s*, que passem pelos pontos *A* e *B*.
4) Desloque os pontos *A* e *B*.
5) Qual a relação que existe entre as duas retas perpendiculares que você construiu?

6) Salve o arquivo com o nome *A03.fig*

A terceira atividade pretendeu recuperar a construção de paralelas e perpendiculares, bem como levar os alunos a estabelecerem que duas retas perpendiculares a uma terceira são paralelas entre si. Essa relação é de fundamental importância no trabalho com os retângulos e os quadrados.

Ao final desse momento, em situação de sala de aula, é importante que o professor faça a oficialização das ideias trabalhadas, principalmente da relação estabelecida na 3ª atividade. Nesse momento os alunos também devem começar a perceber a insuficiência do simples apoio à visualização na construção de figuras corretas.

2º Momento — Ângulos e circunferências

Este segundo momento teve como objetivo a exploração das ideias de ângulos e de construções com circunferências na ideia de compasso. A construção dessas ideias irá subsidiar o trabalho no terceiro momento. A sessão pode ter a duração de aproximadamente 100 minutos.

1ª atividade: Ângulos e bissetrizes

1) Construa o segmento *AB*.
2) Pelo ponto A, construa a perpendicular ao segmento *AB*. Sobre essa reta construa o ponto *X*.
3) Pelo ponto *B*, construa a perpendicular ao segmento *AB*. Sobre essa reta construa o ponto *Y*.
4) Desloque os pontos da figura e verifique se as retas continuam sendo perpendiculares ao segmento. Se não continuarem, recomece a construção.
5) Os ângulos $X\hat{A}B$ e $Y\hat{B}A$ são iguais? Quanto eles medem?

6) Construa um segmento *MN*.
7) Construa o ângulo $P\hat{M}N$ de tal forma que sua medida seja 45°.
8) Desloque os elementos de sua figura, se o ângulo não continuar com 45°, refaça a figura.
9) Explique como você fez para obter o ângulo de 45°.

10) Salve o arquivo com o nome *B01.fig*

O objetivo dessa atividade foi trabalhar com a construção de ângulos e suas medidas, bem como introduzir a ideia de bissetriz. A escolha das perpendiculares se deve ao fato de, nos quadrados e nos retângulos, trabalharmos, essencialmente, com ângulos retos. Da mesma forma, a ideia de bissetriz contida nos itens 6, 7 e 8, também surge a partir do ângulo de 90°, ou seja, as atividades de 1 a 5 funcionam como suporte para a obtenção do ângulo de 45° a partir da construção do ângulo reto, o que daria a representação a seguir.

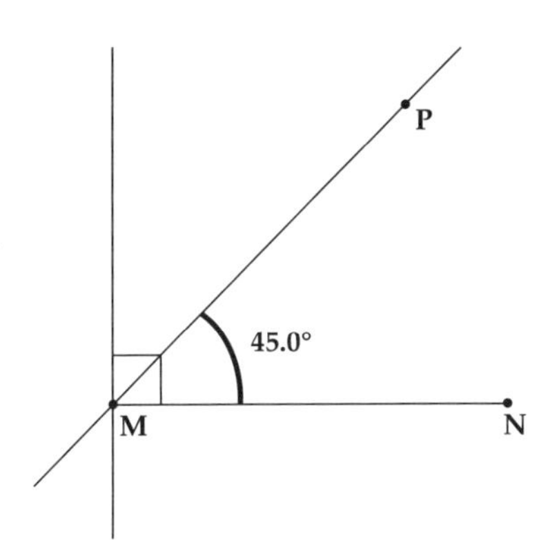

Deve-se notar que a solicitação de deslocar as figuras da atividade, responde ao duplo objetivo de validar a construção realizada por meio das propriedades, mas, também, de desestimular a concepção frequente de que dois ângulos só podem ser iguais se estiverem na mesma posição em relação à folha de papel.

2ª atividade: Ideia de circunferência

1) Construa uma reta r e um ponto P sobre ela.
2) Pelo ponto P, construa a perpendicular à reta *r*, que passe pelo ponto P. Chame essa reta de *s*.
3) Determine sobre a reta r, dois pontos *A* e *B* de tal forma que a distância do ponto *P* ao ponto *A* seja a mesma do ponto *P* ao ponto *B* ($PA = PB$).
4) Determine sobre a reta s, dois pontos *C* e *D* de tal forma que ($PA = PB = PC = PD$).
5) Movimente os pontos da figura e verifique se essa relação continua ocorrendo. Se não, recomece.

6) Determine outros três pontos (E, F e G), que mantenham a mesma relação de distâncias ($PA = PB = PC = \ldots PF = PG$).
7) O que você pode dizer sobre os pontos A, B, C, D, E, F e G, em relação ao ponto P? Como poderíamos chamar a região do plano formada por todos os pontos que satisfaçam a mesma relação?

8) Salve o arquivo com o nome *B02.fig*

Com essa atividade, pretendeu-se construir a ideia de circunferência como o lugar geométrico dos pontos que mantêm uma relação de equidistância com um ponto dado. Apesar dos alunos já terem sido apresentados formalmente à noção de circunferência, o aspecto da equidistância é, geralmente, pouco explorado em situações didáticas, privilegiando-se o aspecto da visualização da forma da circunferência. Essa ideia de circunferência é necessária para as atividades de construção de quadrados e losangos, a partir de seus lados.

Ao final da atividade, em situação de sala de aula, é necessário que o professor estabeleça o conceito de circunferência, em acordo com a ideia acima.

3ª atividade: Equidistância

1) Construa três pontos A, B e C não-alinhados.
2) Determine o ponto P, que esteja a mesma distância dos pontos A, B e C.
3) Desloque os pontos da figura e verifique se eles continuam mantendo a mesma distância. Se não, recomece.
4) Explique como você resolveu o problema.

5) Salve o arquivo com o nome B03.fig

Nessa atividade, buscou-se levar o aluno à determinação do centro de uma circunferência a partir de três pontos dela. Em outros termos, o aluno deve, para resolver a situação, reconhecer os três pontos como formadores de um triângulo, determinando o circuncentro desse triângulo. A ideia de ponto médio, estabelecida na primeira atividade do primeiro momento, serve de ponto de partida para a retomada do conceito de mediatriz necessária para a obtenção do circuncentro do triângulo. Ou seja, o aluno deverá construir a equidistância entre os pontos dados, tomados dois a dois, reconhecendo que todos os pontos que estão sobre cada uma das mediatrizes são equidistantes dos vértices do triângulo.

Em situação de aprendizagem, é importante que o professor oficialize, ao final da atividade, a obtenção do centro de uma circunferência pelo encontro de duas medianas do triângulo, como ilustrado a seguir.

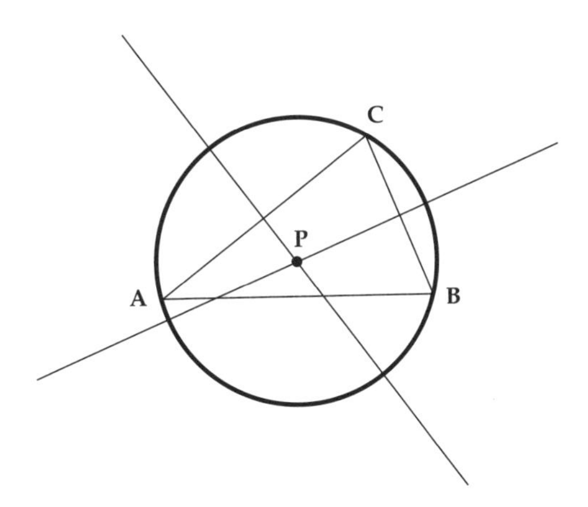

3º Momento — Construção de quadriláteros

O terceiro momento contemplou o trabalho efetivo sobre os quadriláteros e suas propriedades. Ele é composto de oito situações-problema, que demandam especial atenção do professor, no sentido de estimular os alunos a buscarem suas próprias soluções para as atividades. É importante também que o professor incentive os alunos a utilizar o Cabri-Géomètre para realizar a validação de suas produções, por meio do deslocamento dos pontos das figuras.

Esse momento foi desenvolvido em quatro sessões de aproximadamente 100 minutos cada uma.

Atividade C01: Paralelogramo

1) Construa três pontos *A*, *B* e *C* não alinhados.
2) Construa o paralelogramo *ABCD*.
3) Desloque os vértices do paralelogramo. Se ele não permanece um paralelogramo, recomece a construção.
4) Meça os lados e os ângulos do paralelogramo *ABCD*.
5) Desloque os vértices do paralelogramo, observando o que acontece.

6) Determine o ponto *O*, centro do paralelogramo.
7) Construa e meça os segmentos *AO*, *BO*, *CO* e *DO*.
8) Desloque os pontos do paralelogramo, observando o que acontece.

9) Salve o arquivo com o nome *C01.fig*

O objetivo dessa atividade foi realizar a construção do paralelogramo, a partir de três de seus vértices, o que não apresenta maiores dificuldades para o aluno. No item 6 é introduzida uma situação de conflito, a partir da qual os alunos devem concluir que o centro do paralelogramo se encontra no ponto de intersecção de suas diagonais.

O terceiro momento é uma situação de constatação. A partir da medição dos segmentos e do deslocamento dos pontos, os alunos constatam que "em todo paralelogramo, as diagonais cortam-se ao meio", como ilustrado a seguir.

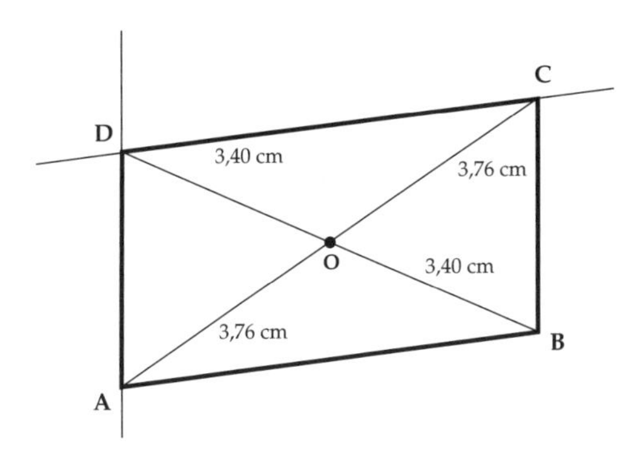

Atividade C02: Retângulo-1

1) Construa o segmento *AB*.
2) Construa o retângulo *ABCD*.
3) Desloque os pontos *A*, *B*, *C* e *D*. Se a figura não continua sendo um retângulo, recomece a construção.
4) Explique por que sua figura é um retângulo.

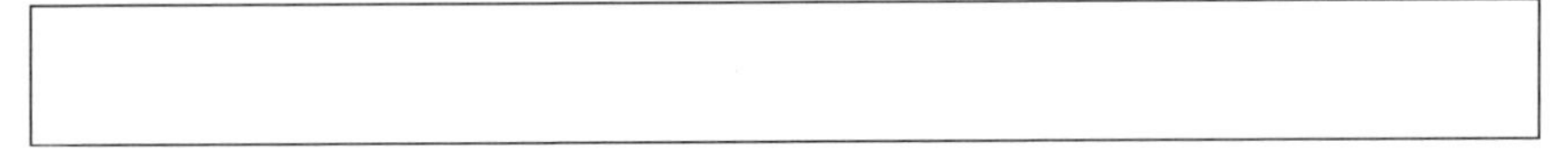

5) Salve o arquivo com o nome *C02.fig*

Trata-se de uma situação clássica de construção de retângulos a partir da construção de perpendiculares, que não deve provocar grandes dificuldades. No item 4, o aluno pode recorrer à definição clássica de retângulo, pela presença de quatro ângulos retos, para justificar a sua construção.

Atividade C03: Retângulo-2

1) Construa o segmento *GH*.
2) Construa um retângulo de forma que *GH* seja sua diagonal.
3) Desloque os pontos *G* e *H*. Se a figura não continua sendo um retângulo, recomece a construção.

4) Explique por que sua construção é um retângulo.

5) Salve o arquivo com o nome *C03.fig*

Pretendeu-se, com essa atividade, estabelecer um conflito, a partir do momento em que os alunos apresentam certa tendência a construir o segmento *GH* na horizontal, de acordo com o nível de desenvolvimento do pensamento geométrico em que se encontram. Isso pode levar alguns alunos a considerarem *GH* como um dos lados, e não sua diagonal, como ilustrado a seguir.

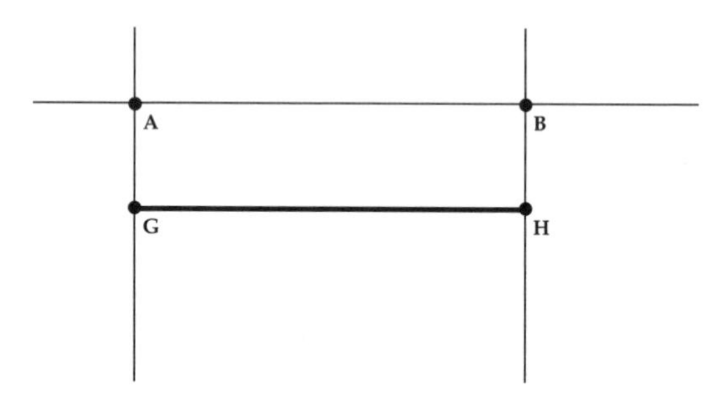

A solução dessa atividade demanda a construção de um ângulo reto fora do segmento fornecido *GH*. Dessa forma, o aluno deve construir uma reta qualquer passando por um dos pontos fornecidos, para em seguida construir a paralela a essa reta que passa pelo outro ponto fornecido, como mostra a ilustração a seguir.

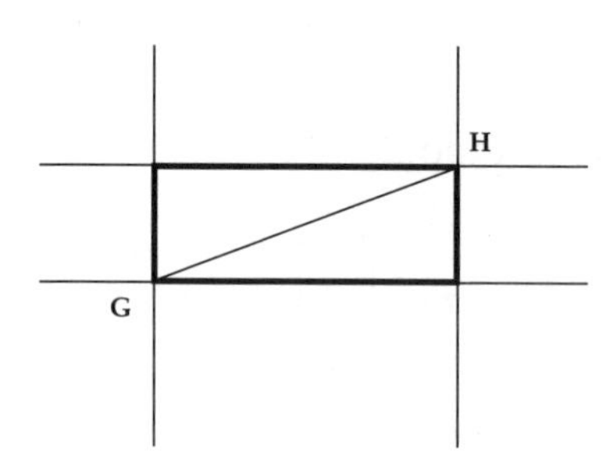

Atividade C04: Quadrado-1

1) Construa o segmento *AB*.
2) Construa o quadrado *ABCD*.
3) Desloque os pontos *A, B, C* e *D*. Se a figura não continua sendo um quadrado, recomece a construção.
4) Explique por que sua figura é um quadrado.

5) Salve o arquivo com o nome *C04.fig*

A definição escolar de quadrado, ou seja, um paralelogramo que possui os quatro lados iguais e os quatro ângulos retos, é suficiente para a resolução da atividade. Os conceitos de circunferência e de paralelas e perpendiculares, já estabelecidos no primeiro momento da sequência, são mobilizados nesta atividade. Duas estratégias de base aparecem na resolução desta atividade, como mostrado nas ilustrações seguintes.

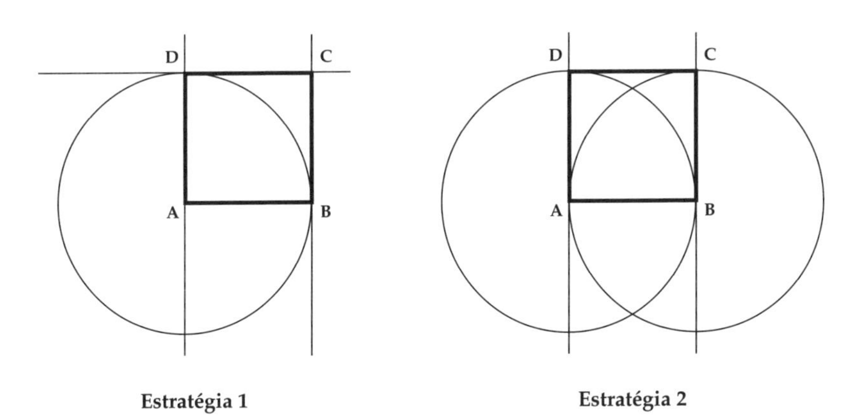

Estratégia 1 **Estratégia 2**

Na Estratégia 1, o aluno mobiliza, inicialmente, as ideias de congruência de dois lados e de um ângulo reto. A partir do segmento *AB*, ele constrói a circunferência de centro A e raio *AB* (congruência de lados), para, em seguida, construir a perpendicular ao segmento *AB* que passa pelo ponto *A* (ângulo $B\hat{A}D$ reto). Finalmente, a partir de paralelas é possível terminar o quadrado *ABCD*.

Já na segunda estratégia, as ideias iniciais são de congruência de três lados (*AB*, *AD* e *BC*) e de dois ângulos retos ($B\hat{A}D$ e $A\hat{B}C$), construindo-se o segmento *CD* para finalizar o trabalho.

Atividade C05: Quadrado-2

1) Construa o segmento *TC*.
2) Construa o quadrado *TOCA*, de modo que *TC* seja sua diagonal.
3) Desloque os vértices do quadrado. Se a figura não continua sendo um quadrado, recomece a construção.
4) Que conclusões você pode tirar de sua construção?

5) Salve o arquivo com o nome *C05.fig*

Nessa atividade, a estratégia de base consistiu em obter a mediatriz do segmento *TC*, identificando a perpendicularidade das diagonais do quadrado. Em seguida, pela intersecção dessa mediatriz com a circunferência de raio igual ao segmento que une o vértice *T* à base da mediatriz, e centro nessa base, foram determinados os vértices *A* e *O*, como indicado a seguir.

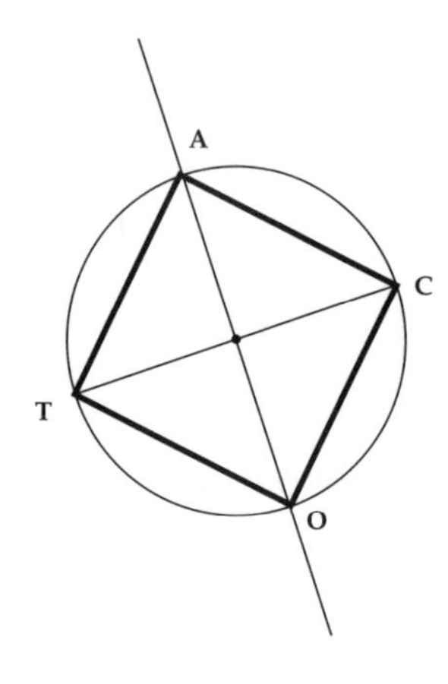

É interessante ressaltar que, ao adotar essa estratégia, os alunos estão mobilizando as propriedades das diagonais do quadrado como ferramenta de resolução do problema, ou seja, como um Teorema em Ação.

Uma segunda estratégia foi observada, mas que rompe com as condições estabelecidas no enunciado. Neste caso, o aluno partiu da identificação da diagonal do quadrado como a bissetriz do ângulo reto. Ou seja, ao invés de iniciar a construção pela diagonal do quadrado, ela foi iniciada pelo lado *TO* e pela bissetriz do ângulo reto $A\hat{T}O$. Apesar de se tratar de uma estratégia correta, os alunos que se serviram dela ainda parecem estar trabalhando no nível inicial do pensamento geométrico.

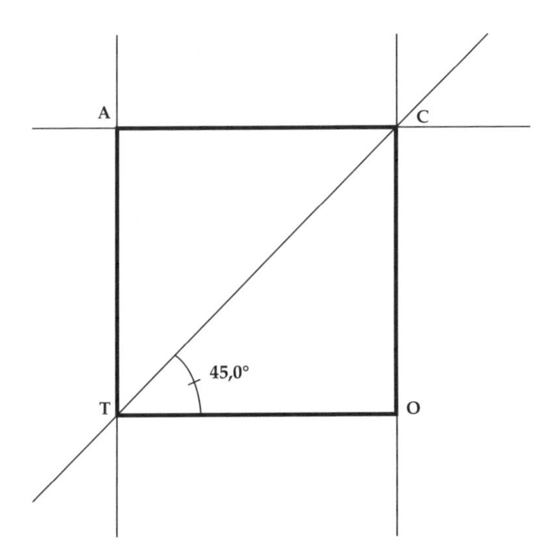

Como os alunos já haviam vivenciado a construção de um retângulo a partir de sua diagonal, era esperado que eles não recorressem à estratégia de colocar o segmento *TC* na horizontal e tomá-lo como um dos lados do quadrado. Pôde-se perceber, entretanto, que alguns alunos ainda se baseiam fortemente na percepção global da figura. Isso os leva a construir o desenho a seguir.

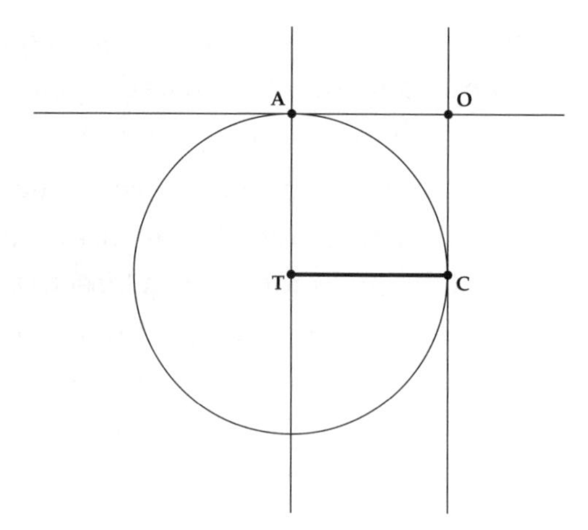

Nesse momento foi necessária a nossa intervenção, buscando explicitar aos alunos a necessidade de certas convenções no momento de nomear os elementos da construção. Ou seja, colocar em evidência que o quadrado obtido deveria ser nomeado como *TCOA*, e não como *TOCA*.

Atividade C06: Quadrado-3

1) Construa os pontos *P* e *O*.
2) Construa o quadrado *PITA*, de modo que *P* seja um de seus vértices e *O* seja seu centro.
3) Desloque os vértices do quadrado. Se a figura não continua sendo um quadrado, recomece a construção.
4) Deslocando os pontos da figura, que conclusões você pode tirar?

5) Salve o arquivo com o nome *C06.fig*

Nesse terceiro caso de construção de quadrados, a simples aplicação da definição escolar não é suficiente para obter a construção da figura, como nos quadrados das atividades anteriores. Torna-se, então, necessário que o aluno construa as relações das propriedades das diagonais do quadrado, ou seja, que elas sejam congruentes, perpendiculares e se cortem em seu ponto médio, que seria o centro do quadrado.

A estratégia de base que apareceu durante a experimentação consistiu na obtenção dos três outros vértices do quadrado a partir da intersecção da circunferência de centro *O* e raio *PO*, e da reta perpendicular à reta *PO* que passa pelo ponto *O*, como indicado na figura a seguir.

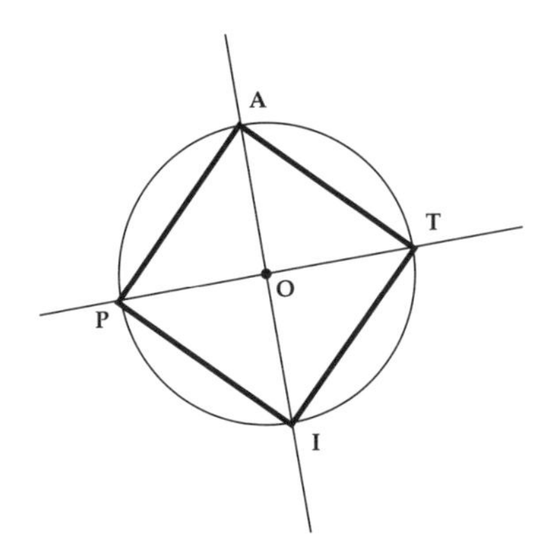

Uma variante dessa estratégia consistiu em encontrar o vértice *T* como o simétrico do ponto *P* em relação ao ponto *O*, e, em seguida, obter os outros dois vértices pelo processo descrito anteriormente.

Atividade C07: Losango-1

1) Construa os pontos *M* e *N*.
2) Construa o losango *MANO*.
3) Desloque os pontos da figura. Ela continua sendo um losango?
4) Por quê?

5) Se ela não continua um losango, recomece a construção.
6) Explique por que sua figura é um losango.

7) Salve o arquivo com o nome *C07.fig*

Nessa atividade é solicitado que o aluno construa um losango sendo dados dois vértices opostos. Dessa forma a medida do lado não permite resolver a situação sendo necessário recorrer às propriedades das diagonais do losango. Assim, a estratégia de base consiste em estabelecer que as diagonais do losango se cortam ao meio, mobilizando a ideia de ponto médio, e que elas são perpendiculares. A mobilização da ideia de ponto médio surgiu tanto pela identificação de pontos simétricos, como na primeira ilustração a seguir, quanto pela ideia de circunferência, como na segunda ilustração.

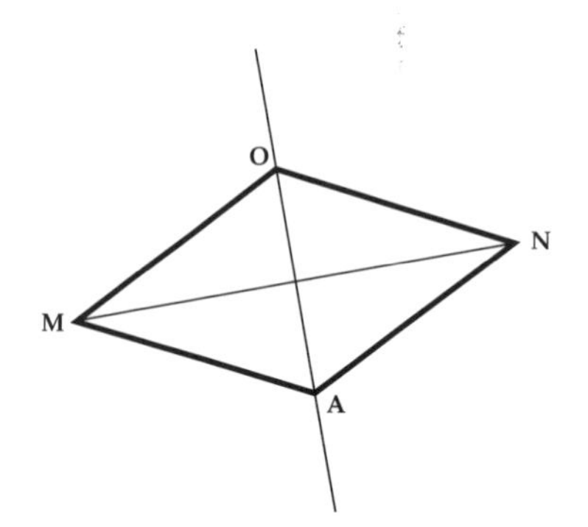

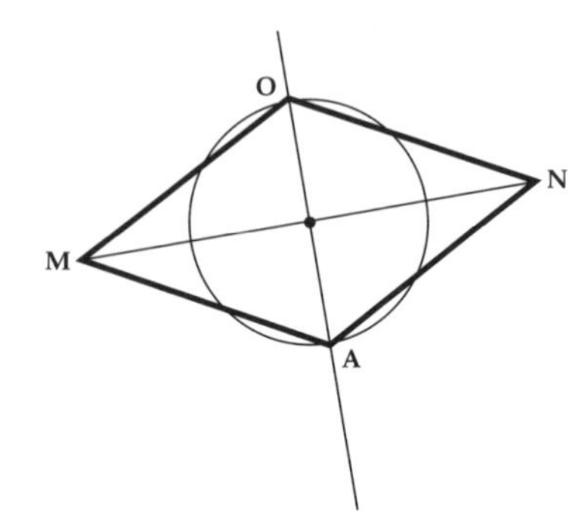

Atividade C08: Losango-2

1) Construa uma reta *r* e dois pontos *L* e *O*, fora da reta *r*.
2) Construa o losango *LOJA*, de modo que o ponto *A* esteja sobre a reta *r*.
3) Desloque os pontos da figura. Se ela não continua sendo um losango, recomece a construção.
4) Explique como você construiu o losango *LOJA*.

5) Salve o arquivo com o nome *C08.fig*

Nesta atividade de construção de losangos, prioriza-se a congruência de seus lados, como propriedade de base. A estratégia principal consiste em construir a circunferência de centro em *L* e raio *LO*. A intersecção dessa circunferência com a reta *r* determina o outro vértice do losango, como ilustrado a seguir.

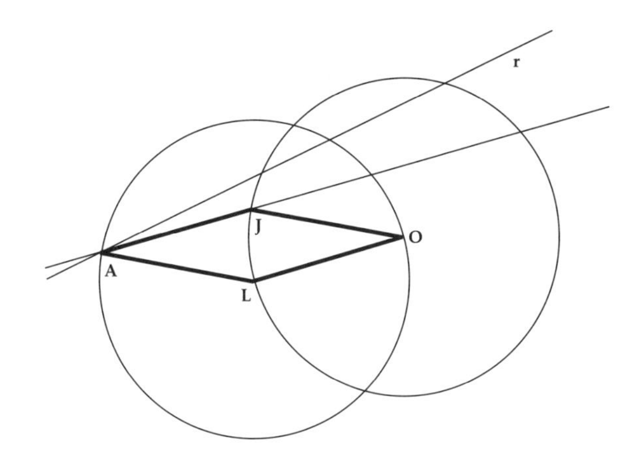

A pré/pós-testagem

Para verificar como os alunos evoluíram (ou não) nos níveis de pensamento geométrico, realizamos uma pré e uma pós-testagem. A testagem teve por objetivo identificar em que níveis de pensamento geométrico se encontravam os alunos antes e após a intervenção. O intervalo entre a aplicação do pré e do pós-teste foi de aproximadamente quatro meses. O teste constou de cinco questões, cujos resultados serão apresentados em seguida.

A primeira questão constou de dois momentos. No primeiro momento foi solicitado que os alunos construíssem um retângulo e, ao lado, uma figura que não fosse um retângulo. No segundo momento foi solicitado que eles justificassem, por escrito, suas construções. A demanda de construir uma figura que não fosse um retângulo baseia-se na ideia de que, no momento de construir intencionalmente uma figura que não apresente certas características, uma *figura negativa*, o aluno será levado à explicitação de suas concepções.

Em relação ao primeiro momento, no pré-teste, a figura escolhida pela maioria dos alunos como sendo um *não-retângulo* foi o quadrado, mostrando não somente a importância dessa figura no universo do aluno, como também a concepção de que os quadrados não se enquadram na categoria dos retângulos. É importante ressaltar, também, que os losangos não aparecem no pré-teste, como figura negativa, aparecendo no pós-teste com uma taxa de 60%, o que parece indicar uma certa tendência em buscar características intrínsecas à figura, como meio de diferenciação.

Para a análise das respostas dos alunos relativas ao segundo momento, onde eram solicitadas justificativas às construções do primeiro momento, classificamos essas respostas em três categorias: 1) *pragmática*, na qual a resposta somente fazia referência à aparência ou forma da figura, 2) *aplicativa*, na qual era privilegiada a definição usual da figura, e 3) *relacional*, na qual o aluno utilizava as propriedades das figuras construídas.

Nesse contexto, nos foi possível observar que, no pré-teste, metade dos alunos situava-se no nível pragmático e a outra metade no nível aplicativo, sendo que nenhum aluno trabalhou no nível relacional. No pós-teste, pudemos observar que nenhum aluno se situou no nível pragmático; mesmo se o número de alunos trabalhando no nível aplicativo aumentou, encontramos um em cada três alunos trabalhando no nível relacional.

Nível	**Pré-teste**	**Pós-teste**
Pragmático	50 %	0 %
Aplicativo	50 %	65 %
Relacional	0 %	35 %

Na segunda questão foram apresentados aos alunos onze quadriláteros diversos e em posições variadas. A tarefa consistiu em realizar a classificação desses quadriláteros em diferentes categorias, conforme mostrado em seguida.

Q02) Em uma folha de caderno estão desenhadas vária figuras de quatro lados:

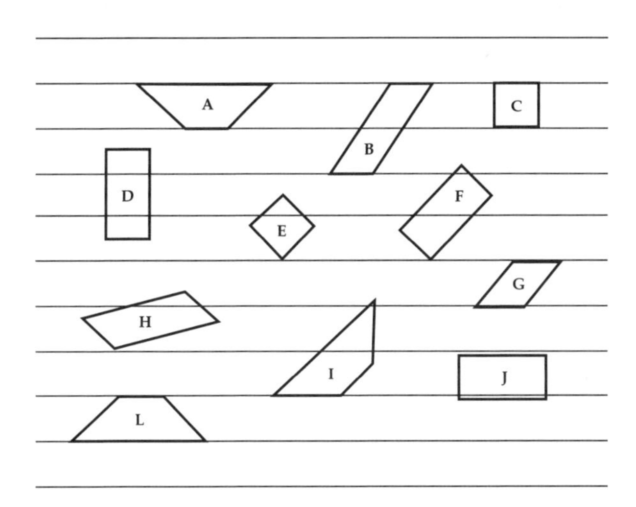

Tente separar por famílias, as figuras da folha de caderno:

	Figuras
Retângulos:	
Trapézios:	
Quadriláteros:	
Quadrados:	
Paralelogramos:	
Losangos:	

Como primeiro resultado, e que merece uma reflexão mais aprofundada, pudemos perceber que nenhum aluno reconheceu os quadrados como sendo retângulos, tanto no pré quanto no pós-teste. Por outro lado, enquanto apenas 3% dos alunos consideraram o quadrado como sendo um losango, no pré-teste, um em cada três alunos conseguiu essa identificação no pós-teste, mostrando significativo avanço em seu pensamento geométrico, na medida em que percebemos frequentemente em nossas salas de aula que, para eles, o losango deve estar necessariamente em uma posição cujos lados não aparecem paralelos às bordas da folha de papel. Ainda em relação aos losangos, encontramos no pré-teste um quarto dos alunos que consideraram os paralelogramos (não-losangos) como sendo losangos, demonstrando uma concepção de losangos como uma espécie de *retângulos tortos*, enquanto no pós-teste esse índice caiu para 8%.

Na terceira questão foi solicitado dos alunos que eles construíssem dois quadrados diferentes, o objetivo sendo a identificação dos critérios que os alunos consideravam pertinentes nessa diferenciação. A porcentagem dos alunos que diferenciaram as duas construções apenas pelo seu tamanho foi reduzida de 48% no pré-teste, para 31% no pós-teste. Ao mesmo tempo, pudemos observar que enquanto no pré-teste um em cada cinco alunos conseguiu diferenciar as duas figuras pela sua posição na folha de papel, no pós-teste quase a metade dos alunos conseguiu fazê-lo, indicando uma importante autonomia em relação às figuras prototípicas, como, por exemplo, reconhecer um losango como um quadrado em posição diferente.

Para a quarta questão, os alunos tinham dois pontos *A* e *B* representados em dois nós de uma malha quadriculada, e lhes era solicitado construir o losango *ABCD*, como mostrado a seguir.

Q04) Utilizando os vértices *A* e *B* já marcados, desenhe o losango *ABCD*:

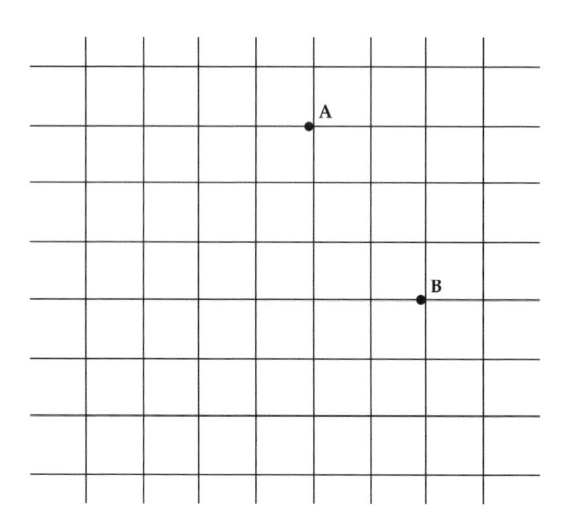

Apesar da facilidade oferecida pela malha quadriculada, menos da metade dos alunos conseguiu construir corretamente o losango, no pré-teste. Poucas marcas foram deixadas pelos alunos, indicando que a construção foi realizada essencialmente no nível perceptivo. Para o pós-teste encontramos um índice de 80% de sucesso, e as marcas deixadas parecem indicar que as propriedades das diagonais do losango foram bastante utilizadas para realizar a construção.

A última questão apresentava um losango que teve um "pedaço apagado", e os alunos deveriam dizer se seria possível reconstruí-lo ou não, justificando sua resposta, como mostrado a seguir.

Q06) O losango *ABCD* teve um pedaço apagado. Você pode reconstruí-lo?

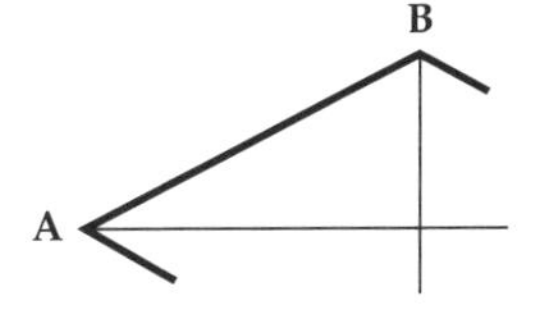

☐ Sim	☐ Não
Explique como:	Porque:
______________________________	______________________________
______________________________	______________________________
______________________________	______________________________
______________________________	______________________________
______________________________	______________________________
______________________________	______________________________
______________________________	______________________________

Pudemos observar que, se no pré-teste 40% dos alunos se referiram, de alguma forma, às diagonais do losango, esse índice subiu para 80% no pós-teste. Um outro ponto interessante, que merece uma maior reflexão, é o fato que, no pós-teste, um em cada três alunos fez apelo, no momento de sua justificativa, à ideia de simetria, apesar desse conceito não ter sido trabalhado em sala de aula.

Considerações finais

Acreditamos que, de uma maneira geral, os objetivos propostos na pesquisa foram atingidos. Porém, parece-nos evidente que muitas questões ainda merecem ter seu estudo aprofundado, principalmente no que se refere à superação de diversas dificuldades relacionadas à pregnância das figuras prototípicas, como pudemos observar, neste nosso estudo, para o caso dos quadriláteros, como, por exemplo, associar o retângulo à palavra *quadrilátero*.

Em relação ao desenvolvimento dos níveis de pensamento geométrico, segundo o modelo de Van-Hiele, nos foi possível observar um avanço significativo nesse desenvolvimento. De fato, em estudos anteriores, como já citado anteriormente neste trabalho, não nos foi possível encontrar alunos trabalhando no nível 1 antes da chegada no quarto ciclo do Ensino Fundamental. No presente trabalho, mesmo se ainda consideramos que os alunos geralmente não trabalham em um único nível de pensamento geométrico, existindo etapas de transição importantes, pudemos observar que, para a maior parte das atividades, poucos alunos ainda fazem recurso do nível zero, ou seja, o nível da percepção intuitiva.

Devemos ressaltar que, se neste trabalho nossa atenção se situou nos níveis iniciais do pensamento geométrico, segundo o modelo adotado, nossa preocupação atual se situa no estudo dos efeitos do Cabri-Géomètre no desenvolvimento do pensamento dedutivo, ou seja, no trabalho nos níveis mais avançados de Van-Hiele.

Finalizando, parece-nos importante ressaltar a importância do trabalho com Geometria dinâmica em sala de aula como um fator de superação das dificuldades relacionadas à exploração única de figuras estáticas, em ambientes com papel e lápis. Além disso, nossa experiência enquanto professor do ensino básico mostra que esse tipo de trabalho leva a termos, em nossa sala de aula, alunos bastante motivados, o que não nos parece ser o caso do trabalho expositivo.

Referências bibliográficas

BKOUCHE, R. *Enseigner la géométrie, pourquoi?* Lille: IREM, 1988.

BOURBAKI, N. L'architecture des mathématiques. In: *Les grands courants de la pensée mathématique*. Paris: Blanchard, 1962.

CÂMARA DOS SANTOS, M. *Étude didactique de l'utilisation d'un materiel de manipulation pour les premiers apprentissages en géométrie*. Mémoire de DEA: Université Lyon-I, 1992.

CÂMARA, M. Investigando os níveis de pensamento geométrico de Van-Hiele: o caso dos quadriláteros. *Anais do VI Encontro Nacional de Educação Matemática*. São Leopoldo: Ed. Unisinos, 1998.

______. Um exemplo de situação-problema: o problema do bilhar. *Revista do Professor de Matemática*. São Paulo: SBM, n. 50, 2002.

LABORDE, J.-M. *Projet Cabri-Géomètre. Définition et réalisation d'un sistème intelligent pour l'apprentissage en géométrie*. Relatório de pesquisa, Grenoble: Université Joseph Fourier, 1993.

LABORDE, C.; CAPPONI, B. Cabri-Géomètre constituant d'un milieu pour l'apprentissage de la notion de figure géométrique. *Recherches en Didactique des Mathématiques*. Grenoble: La Pensée Sauvage, n. 14, 1994.

LORENZATTO, S. Por que não ensinar geometria? *A Educação Matemática em Revista*. São Paulo: SBEM, n. 4, 1995.

NASSER, L. *Using the Van-Hiele theory to improve secondary school geometry in Brazil*. Tese de doutorado. University of London, 1992.

NASSER, L. (coord.). *Geometria segundo a teoria de Van-Hiele*. Projeto Fundão. Rio de Janeiro: IM-UFRJ, 1997.

VAN-HIELE, P.-M. La pensée de l'enfant et la géométrie. *Bulletin de l'APMEP*. Paris, n. 198, 1959.

Capítulo 6

Função Matemática: o entendimento dos alunos a partir do uso de *softwares* educacionais*

*Verônica Gitirana***

Inicio este capítulo com uma viagem por minha formação. Ainda como estudante do curso de Matemática, comecei a me envolver com pesquisas e formação de professores no uso da informática na educação, no Projeto EDUCOM/UFPE.[1] Nesse período, já com algum conhecimento de informática e de Matemática comecei a me aprofundar no estudo da Filosofia e Linguagem LOGO (Papert, 1980). Por um lado, os entusiastas com a

---

* Este artigo relata os resultados de minha tese de doutorado, desenvolvida no Institute of Education, University of London, orientada pela Profa. Dra. Celia Hoyles, com suporte da CAPES.

** vggf@ufpe.br

1. Projeto piloto de Educação e Computadores desenvolvido na década de 1980, lançado por edital pelo Ministério da Educação a fim de desenvolver pesquisas em torno da informática na educação. Cinco foram os projetos, um deles sediado no Centro de Educação/UFPE sob a coordenação do Prof. Dr. Paulo Gileno Cysneiros.

introdução da informática na educação defendiam o uso do LOGO, dentro de uma filosofia construcionista, no qual o aluno passaria a construir o conhecimento ensinando ao computador. Foram muitas promessas, no entanto, apesar de suas potencialidades, o uso do LOGO não logrou o sucesso no sentido de auxiliar o desenvolvimento dos alunos, nem tampouco passou a ser muito utilizado nas escolas.

Junto com outros pesquisadores (Gitirana, Magina e Barbosa, 1991), passei a observar um distanciamento entre o conhecimento construído quando com o LOGO e o conhecimento tratado na escola, principalmente, em meu campo de formação, a Matemática. Um exemplo que pode ilustrar tal distância é a noção de circunferência. Na escola, a circunferência é estudada como a figura formada pelos pontos que estão a uma distância fixa (o raio) de um ponto, traçada com um compasso a partir de um ponto fixo.

FIGURA 1
Circunferências construídas com o compasso e com o LOGO

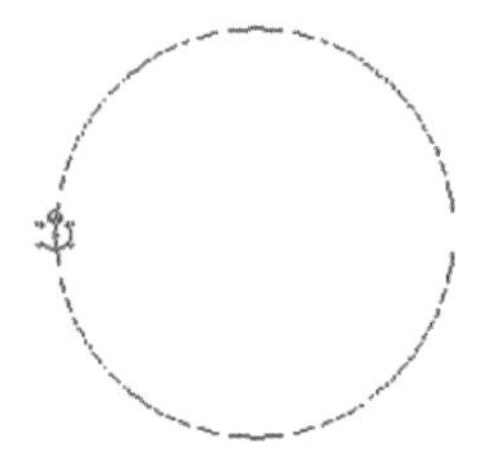

Já com o LOGO, a circunferência vem a aparecer como a figura que tem a mesma curvatura em qualquer dos seus pontos. A tartaruga traça a circunferência ao dar um pequeno passo e girar um pequeno ângulo, e repetir esse procedimento até voltar ao ponto inicial, tendo dado um giro completo de 360°.

Nesse sentido, passei a me questionar como poderia trabalhar com o computador de forma articulada com o conhecimento escolar. Além disso, questionava-me qual seria o real diferencial do uso da informática para a educação escolar, particularmente, para a aprendizagem da Matemática.

Junto com o trabalho de informática na educação, conheci diversos pesquisadores que investigavam a construção do conhecimento matemático com o uso de computadores, dentre os quais destaco os trabalhos em torno do conceito de ângulo e o uso do LOGO, da pesquisadora Sandra Magina (Magina, 1988).

Ao final do meu mestrado em Matemática, aceitei o desafio de tentar uma bolsa de doutorado junto à CAPES, para estudos em Educação Matemática no Instituto de Educação da Universidade de Londres. Desafio, pelo fato da mudança da Matemática Pura, para a Educação Matemática. O primeiro desafio foi escrever o projeto de pesquisa. Nesse momento, resolvi olhar para um conceito matemático para o qual apontavam tantas dificuldades por parte dos alunos — o conceito de função, responsável muitas vezes pelo fracasso dos alunos no estudo do Cálculo no Ensino Superior.

Apesar da dificuldade na aprendizagem de função, esta aparece como um conceito-chave para a aprendizagem matemática, conceito esse focado na *ideia de relação*. Mesmo conceitos mais elementares como os números, em seu significado de contagem, têm por base a ideia de relação funcional. Ao contar, o aluno organiza uma relação entre uma sequencia de signos tal como os numerais 1, 2, 3, 4, 5... e os objetos a serem contados. Relação essa que também se constitui em uma função.

Como um tipo especial de relação, as funções são estudadas de forma mais sistemática no último ano do Ensino Fundamental e o 1º ano do Ensino Médio. Porém, diversos usos da noção de relação e, em especial, de função são feitos bem antes deste nível de ensino. Além dos números, podemos ilustrar as fórmulas de área, que são funções que relacionam comprimentos de partes das figuras com suas áreas.

Após uma rápida introdução do conceito de função no final do Ensino Fundamental, que é retomado no início do primeiro ano do Ensino Médio, algumas funções são classificadas em famílias, e aprofundadas separadamente. Como é o caso das funções afins, quadráticas, trigonomé-

FIGURA 2
Ilustração da contagem como relação funcional

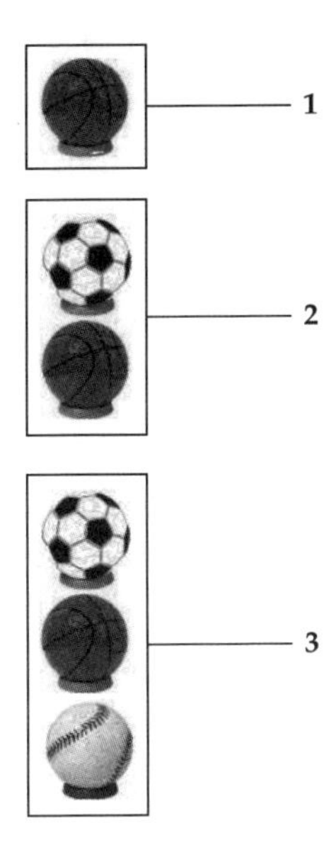

tricas, modulares e exponenciais. A função estudada nesse nível de ensino relaciona duas variáveis reais, são funções reais de uma variável real. Portanto, variável passa a ser uma noção-chave no estudo das funções: variável — varia-hábil — aquilo que tem a habilidade de variar.

Diante desse contraste e das possibilidades oferecidas pelo computador, intrigava-me como o uso dos computadores poderia fazer o diferencial na aprendizagem das funções. Sob a orientação da Profa. Celia Hoyles, iniciei a pesquisa de doutorado com esta intenção, e por considerar que todo trabalho orientado representa também um trabalho em coautoria, passarei, a partir deste ponto do texto, a utilizar a primeira pessoa do plural.

Função: as variáveis e o computador

Com o aprofundamento das leituras em Educação Matemática, conhecemos alguns trabalhos bastante relevantes para o estudo de funções e o uso dos computadores, dentre os quais destaco os trabalhos de James Kaput, Paul Goldenberg, Jere Confrey. De formas diferentes, estes pesquisadores traziam a noção de variável como cerne da relação entre o uso de computadores e a aprendizagem de função. Kaput (1992), em uma discussão sobre o uso da Tecnologia da Informação na Educação Matemática, aponta que a "mídia dinâmica é a 'casa natural' das variáveis, em vez da mídia estática, a qual requer do usuário aplicar a maioria das variações cognitivamente" (p. 534). Passamos então a ter como foco de pesquisa o entendimento de como o dinamismo permitido pelo computador poderia fazer a diferença na aprendizagem de função.

Como um dos primeiros passos na montagem de uma pesquisa, iniciamos a leitura dos artigos científicos, nesse caso uma busca sistemática foi feita no sentido de levantar os *softwares* educacionais que exploravam o conhecimento de funções. Tivemos contato, nessa época, com *softwares* educacionais como o *Function Machine* (Máquina de Funções), um *software* que permitia que o aluno construísse modelos de funções que atuavam como máquinas (Feurzeig e Richards, 1991).

FIGURA 3
Função $f(x) = (x + 2) * 5$ contruída no *software* Function Machine

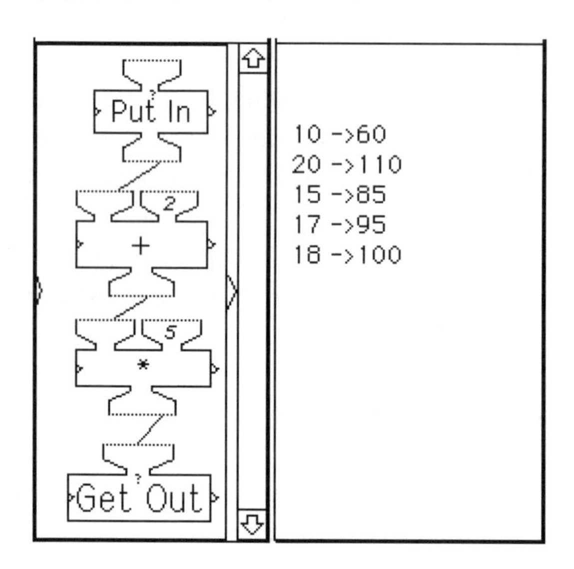

Estas máquinas, após construídas, permitem que o aluno coloqe um valor (dado) de entrada. O dado colocado como entrada vai sendo, de forma animada, transformado até que o valor correspondente à entrada é obtido. O uso do *software* salientava a transformação de uma variável na outra, e a função como uma máquina de transformação.

Um outro *software* mapeado foi o DynaGraph (Goldenberg et al., 1992). Nesse o aluno dá a fórmula de uma função, por exemplo $f(x) = 2x + 2$, e o *software* representa a função ponto a ponto por duas setas, que marcam os valores de x e $f(x)$ em retas numéricas.

FIGURA 4

Tela de DynaGraph mostrando R —> R e as equações

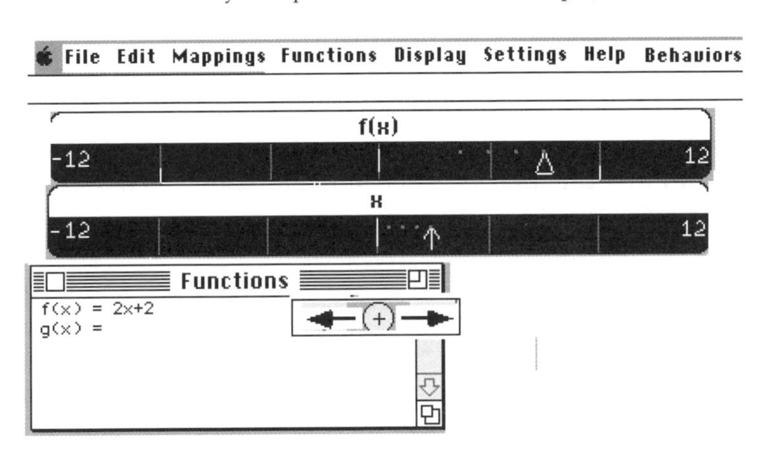

Com o *mouse*, o estudante move (varia) horizontalmente a seta que representa o x. O DynaGraph, como *feedback* à ação do estudante, movimenta o triângulo que representa o $f(x)$ de acordo com a posição nova de x e a função escolhida. Assim, a DynaGraph propicia ao estudante uma visão de função como a relação entre a transformação de x (Dx) e a transformação de $f(x)$ (D$f(x)$) — uma visão de variacional.

Estes *softwares* traziam a exploração do potencial dinâmico do computador para o ensino e aprendizagem das variáveis, mas trazia consigo também "novas" formas de representar uma função. Novas no sentido de não serem comuns no ensino escolar.

Além do conceito de função em si, vários outros conceitos são explorados em cada tipo de função, tal como função crescente e função decrescente (monotonicidade), concavidade, vértice, curvatura, ponto máximo ou mínimo etc. Conceitos que caracterizam as famílias de funções e são essenciais para o aprendizado de funções. Alguns desses conceitos, tais como taxa de variação e monotonicidade, exigem que o aluno desenvolva uma visão variacional de função. Por exemplo, para entender monotonicidade (função crescente, decrescente), o aluno precisa entender o que acontece com $f(x)$ quando x cresce. Uma leitura variacional no gráfico cartesiano, por exemplo, exige que o aluno enxergue variação em uma mídia estática. Manipulações em animações foram usadas como novas representações para propiciar ao aluno o desenvolvimento de concepções variacionais de função.

Um dos primeiros pontos de investigação da pesquisa foi como a nova representação oferecida pelo DynaGraph poderia moldar a concepção do aluno sobre função, especialmente, sobre os conceitos discutidos acima.

DG Paralelo e DG cartesiano — uma nova representação

Para discutir as concepções geradas por alunos de 2ª série do Ensino Médio quando interagindo com um ambiente computacional de aprendizagem inspirado na representação presente no DynaGraph, foi desenvolvida uma adaptação dele, o DG Paralelo (Gomes Ferreira, 1997).

Tal adaptação foi desenvolvida no sentido de que o aluno não tivesse contato com outro tipo de representação da função a ser explorada. Cada ícone escondia uma função, o aluno selecionava o ícone e explorava a função movendo o triângulo (x) e observando a transformação do quadrado (f(x)).

Tal como a versão paralela do DynaGraph, o DG Paralelo é um programa educacional que apresenta uma representação visual de função,

FIGURA 5

Tela do DG Paralelo, com a função $f(x) = -x$ ativa

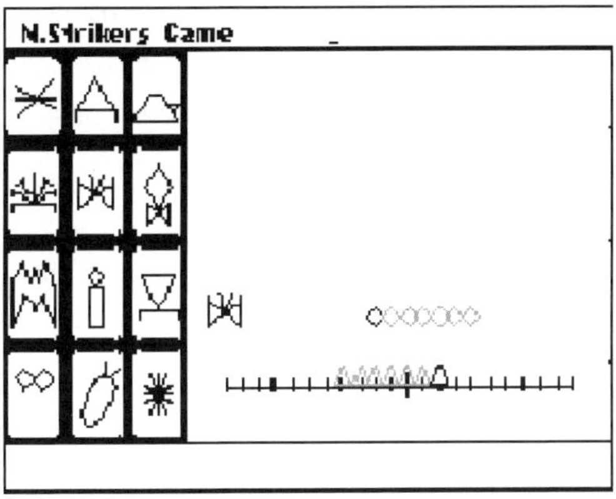

aproveitando a possibilidade de animação e manipulação de objetos (atores), com as seguintes características:

- representa cada função ponto a ponto por dois atores (o triângulo e o quadrado);
- o triângulo corresponde à entrada da função e o quadrado a sua imagem ($f(x)$ ou y);
- permite aos estudantes arrastar x (o triângulo) sobre o eixo e ter como *feedback* "a variação de $f(x)$" de acordo com a função ativa.

Diferentemente do DynaGraph, o DG Paralelo:

- explora o comportamento de doze funções escondidas em ícones;
- permite o estudante identificar a função ativa sem ter acesso a nenhuma outra representação de função.

Se, por um lado, uma das primeiras motivações era auxiliar o trabalho com computadores articulados com o conhecimento escolar, o uso do DG Paralelo necessitaria permitir uma conexão com o conhecimento escolar e as representações normalmente trabalhadas. Nesse sentido, conhecemos também a versão Cartesiana do DynaGraph, a qual inclui um ator para representar $(x, f(x))$. Tal versão foi adaptada em DG Cartesiano, o qual se assemelha a DG Paralelo, por conter as mesmas funções escondidas nos mesmos jogadores. A figura apresenta uma versão do DG Cartesiano, construída em português para computadores PC.[2]

FIGURA 6
Tela da adaptação do DG Cartesiano para PC

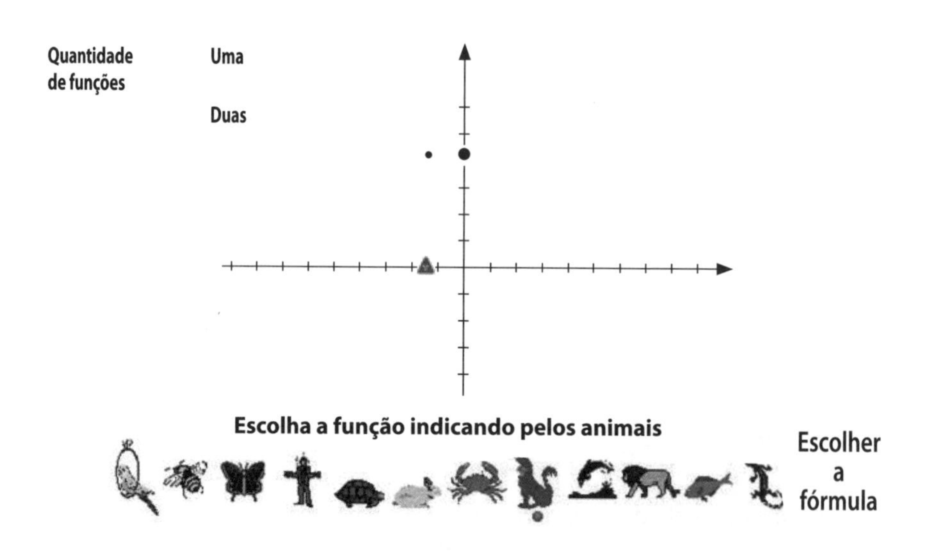

Apesar de, em uma primeira impressão, o DG Cartesiano ser bem similar ao sistema cartesiano, algumas características fazem deles representações qualitativamente diferentes:

- no DG Cartesiano, x, $f(x)$ e $(x, f(x))$ são representadas separadamente, o que não acontece no uso tradicional dos gráficos cartesianos;

2. DG Paralelo e DG Cartesiano são *softwares* livres, e uma versão que roda em computadores PC com o *software* Modellus pode ser obtida pelo *site*: <www.gente.pro.br>.

- DG Cartesiano apresenta a função ponto a ponto, mas seus movimentos permitem ao aluno desenvolver visão variacional de função;.
- a variável (variável)[3] é, dinamicamente, capaz de variar, deixando claro para o aluno seu *status* como variável (Goldenberg et al., 1992);
- em contraste com o gráfico cartesiano, o formato do gráfico não é mais o principal aspecto da representação;
- em DG Cartesiano, o estudante nunca vê a função totalmente. Por outro lado, algumas características qualitativas, tal como declividade, ficam mais evidentes.

Com a escolha de iniciar a pesquisa explorando a construção dos alunos com a nova representação permitida pelo DG Paralelo e dar sequência com a representação mais próxima do conhecimento escolar, fornecida pelo DG Cartesiano, chegamos aos problemas gerados por diferentes e múltiplas representações de um conceito matemático, em particular de funções. Nesse sentido, novas leituras foram feitas para o conhecimento de outros *softwares*, que explorassem o dinamismo em ambientes de múltiplas representações.

Funções: múltiplas representações

O contato com as pesquisas que discutiam como as representações influenciam a aprendizagem fez-me conhecer o trabalho de diversos educadores matemáticos que se dedicam a discutir as múltiplas representações de um conceito e sua aprendizagem, dos quais saliento Kaput (1992), Goldenberg et al. (1992), Janvier (1987) e Confrey et al. (1991b). O destaque a esses pesquisadores, além dos seus méritos, deveu-se também a serem eles alguns dos que vinham discutindo o uso de *softwares* que exploram

3. *Vel*, sufixo do latim, dá formação a adjetivos exprimindo capacidade, qualidade (*Dicionário escolar da língua portuguesa*, Francisco da Silveira Bueno, 11. ed. Rio de Janeiro: Fename, 1980).

função em ambientes de múltipla representação, em geral envolvendo representações tais como diagramas de flecha, algébrica, tabelas e gráficos cartesianos.

Um primeiro questionamento feito é o porquê utilizar diversas representações para representar um conceito. Encontramos resposta em Goldenberg et al. (1992), quando eles defendem que cada uma dessas representações tem sua importância por melhor explicitar uma parte da ideia de função ou uma característica de algumas delas. Além disso, como eles bem colocam, qualquer representação deixa outras características difíceis de serem observadas. Tentar observar a simetria característica da função quadrática, por exemplo, é bem fácil na representação cartesiana, porém na representação algébrica necessita de diversos cálculos.

FIGURA 7

Representações cartesiana e algébrica de uma mesma função quadrática

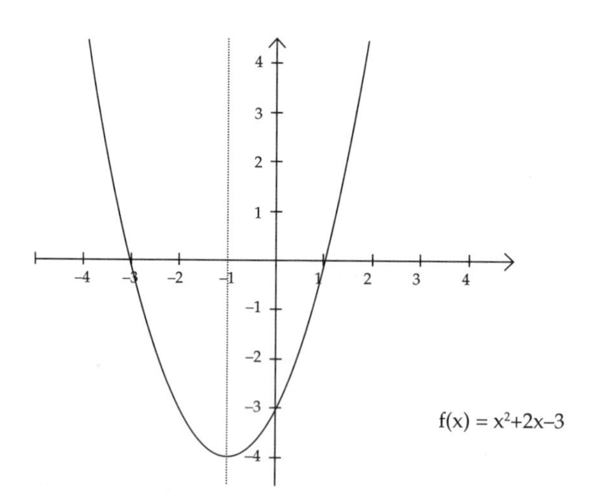

Confrey et al. (1991b), Janvier (1987), assim como Kaput (1992), além de concordar com Goldenberg et al. (1992), defendem ainda a importância do trabalho de conversão entre representações para a aprendizagem de qualquer conceito matemático, em particular o de função.

Nesse sentido, e conjuntamente com a preocupação do dinamismo, tomamos conhecimento de alguns outros importantes *softwares* para o ensino de função. Diversos deles constituíam-se essencialmente de programas de traçar gráficos, com a característica de serem multirrepresentacionais. Em geral, o aluno podia inserir a fórmula de uma função e obter o seu gráfico com o *feedback*. No entanto, o trabalho desenvolvido pelo grupo de Jere Confrey chamou especial atenção diante do meu foco de estudo — o potencial dinâmico no estudo das funções — o *software* Function Probe (Confrey et al., 1991a). Esse *software* permite que diversas representações possam ser articuladas, de forma quase que simultâneas. O aluno pode digitar uma equação e ter seu gráfico traçado. A partir de tal gráfico ele pode alterá-lo e obter a alteração algébrica correspondente.

A janela gráfica (Figura 8) apresenta-se dividida em dois espaços: um para a representação Cartesiana — visão gráfica —, outro para a representação algébrica contendo a fórmula da função e um histórico das

FIGURA 8

Esticamento vertical no gráfico de $y = x$ até o de $y = -0.2x$

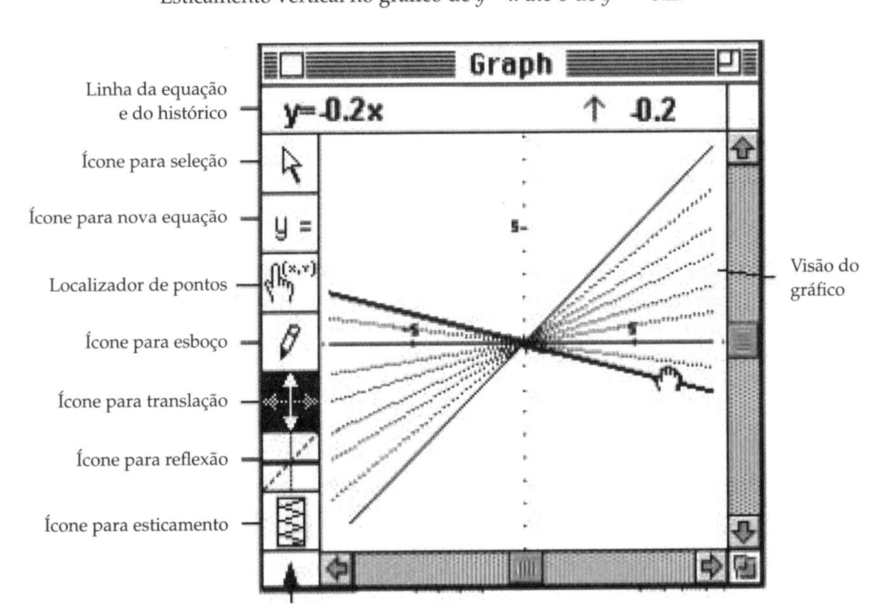

interações do aluno. A janela, também, apresenta um menu icônico de comandos, os quais permitem ações em gráficos. Portanto, este *software* toma uma perspectiva alternativa de função por mudar a ênfase tradicionalmente dada à representação algébrica. Nele, as ações são permitidas diretamente nos gráficos.

Pode-se transladar um gráfico, na vertical e na horizontal, promover esticamentos verticais e horizontais e reflexões verticais, diagonais e horizontais. O Function Probe é um *software* elaborado para a plataforma Macintosh, porém esse tipo de trabalho pode ser feito em outros *softwares* que servem também para a plataforma IBM, tal como o Cabri-Géomètre e o Modellus.

Passamos a buscar também entender como as modificações permitidas pelos *softwares* nos gráficos modificavam o conhecimento dos alunos quanto às funções e as famílias de funções, utilizando o Function Probe.

Conhecimento de função: revisão de literatura

No mesmo momento em que estávamos em busca de levantar as potencialidades dos *softwares* educacionais, nosso interesse pelo entendimento do aluno quanto a funções nos levou a levantar os trabalhos em torno do ensino e aprendizagem desse conceito. Tomamos conhecimento da revisão de literatura apresentada por Leinhardt et al. (1990) na *Review of Educational Research*, um importante periódico destinado a publicações de pesquisas que discutem o estado da arte de diferentes áreas da educação. A revisão apresentada por Leinhardt et al. nos auxiliou no mapeamento dos importantes trabalhos da área, e, através deles, a traçar um corte quanto ao que iríamos pesquisar no campo das funções. Em vez do conceito de função em si, selecionamos para investigação alguns conceitos que são estudados durante a exploração das diferentes famílias de funções, que são enfatizadas na escola de nível médio. Desta forma, selecionamos os conceitos de conjunto imagem, periodicidade, crescente/decrescente, constante, taxa de variação, curvatura/concavidade, vértice e simetria axial. Neste artigo, faremos um recorte das análises traçadas em torno de alguns conceitos ligados à variação — a monotonicidade, ou seja, crescimento, decrescimento e constante (estabilidade).

Após uma pequena exploração do conceito de função em si, o aluno no 1º ano do Ensino Médio passa a estudar somente as funções que transformam valores reais em valores reais e que podem ser expressas por uma fórmula. Esse será a partir de agora o recorte das funções a que nos reportaremos. Dentro desse tipo de função, explora-se o comportamento da mesma em termos de crescimento ou decrescimento quando a variável cresce. Por exemplo, a função $f(x) = x$ para x real, quando x cresce o $f(x)$ também cresce, quando se diminui o x também diminui. Este tipo de comportamento é denominado de crescente. Já uma função como $f(x) = -x$ para x real comporta-se ao contrário. Quando x aumenta, o $f(x)$ diminui. Já neste caso, denomina-se decrescente. Há ainda os casos de estabilidade, ou de ser constante, que ocorre quando ao se alterar o valor de x, o $f(x)$ fica estável. O estudo do crescimento e decrescimento é dado continuidade em outras famílias de funções, com a análise dos intervalos de crescimento ou de decrescimento. A função $f(x) = x^2$ para x real, por exemplo, descresce até o zero e a partir do zero passa a crescer enquanto x cresce.

Estes conceitos assim como outros escolhidos para a pesquisa exigem que o aluno analise a variação do valor da função enquanto varia a variável. Desta forma exige que o aluno desenvolva uma visão variacional de função. Este foi um dos motivos que nos interessamos pelo potencial dinâmico dos *softwares*.

Iniciamos a revisão dos trabalhos em torno da formação dos conceitos variacionais neste texto dicutindo a ideia de função constante. Uma função f é constante se existe um número real a tal que $f(x) = a$ para todo x no domínio de f. De forma mais intuitiva podemos dizer que são as funções em que a saída não muda.

As pesquisas que tratam do conhecimento dos alunos sobre função constante, mostram que os estudantes desenvolvem formas dependendo da representação utilizada. Por meio do gráfico cartesiano, ela pode ser reconhecida como uma reta horizontal (veja Figura 9). Portanto, funções constantes podem ser vistas pictoricamente por meio dos gráficos. Já numa representação algébrica, ela usualmente aparecer como a ausência de x na equação. Bakar e Tall (1991), ao analisarem os resultados de um questionário aplicado a estudantes ingleses de nível A, concluíram que a ausência do x na equação leva os estudantes a não considerar em como sendo uma função.

FIGURA 9

Gráfico da função $f(x) = 2$ para x real

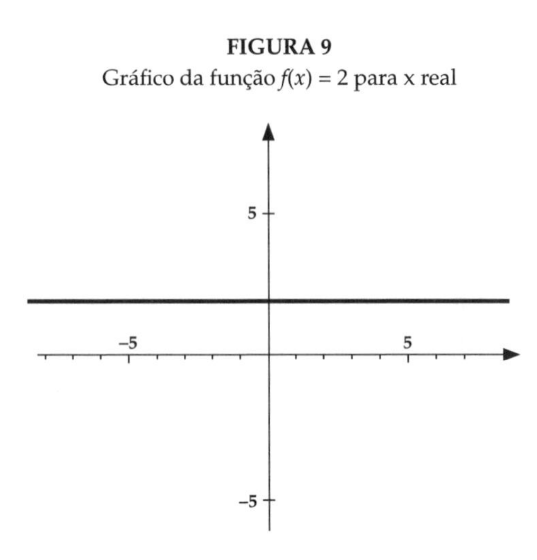

Novas leituras nos levaram a discutir as conexões entre a descrição verbal e a representação cartesiana de uma função constante. Em uma pesquisa com estudantes que não tinham conhecimento prévio de função, Mevarech e Kramarsky (1993) detectaram cinco linhas de pensamento na análise de gráficos que têm consequências em como os estudantes traçam o gráfico de funções constantes a partir de uma descrição verbal. Uma delas é significante para este estudo. Alguns estudantes consideram seu gráfico como um ponto isolado, representando toda a situação como um ponto. Goldenberg (1988) aponta que este tipo de concepção é um comportamento comum dos estudantes quando lidando com gráficos. Ele também conclui que ao usar gráficos os estudantes analisam outros tipos de gráficos por meio de "pontos especiais" e não interpretam a linha entre esses pontos como sendo formada de pontos. Portanto, a visão pontual é usualmente considerada a partir dos pontos especiais.

A ideia de função constante também pode ser vista como um estágio entre ser crescente e ser decrescente. James e James (1959, p. 102 e 200) discutem que a monotonicidade pode ser vista como "uma função cujo gráfico sobe (desce) enquanto a abscissa cresce". Portanto, a propriedade requer uma visão variacional de função. No entanto, essa propriedade pode ser identificada pictoricamente nos gráficos. Na representação algébrica, a ideia de monotonicidade pode ser identificada calculando o valor da função em diferentes pontos. Para a família das funções afim, essa ideia pode ser identificada pelo sinal do coeficiente linear.

A ideia de monotonicidade foi investigada também por Hillel et al. (1992) usando o Computer Algebra Systems (CAS) em cursos médios, em particular nos cursos de função. Eles relataram dois tipos de problemas na concepção que os estudantes apresentam: (a) o senso bidirecional da linha, isto é, os estudantes veem o gráfico como iniciando da oriegem e continuando e ambas as orientações; (b) a confusão do intervalo de referência, isto é, os estudantes confundem se devem utilizam o domínio ou a imagem. Portanto, esses resultados nos mostraram claramente que os estudantes apresentam dificuldades para comparar o comportamento de x e de $f(x)$ e para isolar as variáveis em um gráfico. Em outras palavras, as dificuldades referem-se a interpretar gráficos de forma variacional.

Estudos de caso explorando o potencial os *softwares*

Após o estudo dos *softwares*, do levantamento sobre a aprendizagem de funções e de buscar uma fundamentação que nos permitisse entender a relação entre as representações simbólicas e o entendimento, partimos para desenvolver um desenho de um experimento que nos permitisse realizar uma investigação empírica para discutir como o dinamismo do computador afeta o conhecimento dos alunos sobre funções. Nesse sentido, escolhemos trabalhar com estudos de casos, portanto, uma abordagem qualitativa.

Para o desenho do experimento, iniciamos por definir critérios importantes para o estudo, tanto na seleção dos sujeitos quanto na escolha das atividades. Decidimos trabalhar com alunos que já tivessem conhecimento escolar de função. Portanto, escolhemos trabalhar com alunos do 2º ano do Ensino Médio brasileiro. Como um estudo centrado no raciocínio dos estudantes e considerando que é através da linguagem que os estudantes articulam seus pensamentos, comunicam e negociam concepções comuns, trabalhamos com pares de alunos em estudos de casos. A decisão de se trabalhar em dupla levou em consideração os resultados de uma pesquisa, um estudo de caso, desenvolvida por Hoyles, Noss e Sutherland (1991), no qual elas observaram interações cooperativas entre dois estudantes quando contavam com o *feedback* do computador. Nesse sentido, atividades também foram desenhadas no intuito de encorajar a exploração das possibilidades dinâmicas dos programas DG Paralelo, DG Cartesiano e Function Probe, e da comunicação entre os alunos da dupla.

Quanto à montagem das atividades, vimos a necessidade de mapear as concepções iniciais dos sujeitos da pesquisa, feito por meio de um pré-teste. Um investigação em torno do uso de *softwares* nos levou também a desenvolver uma atividade de familiarização com o ambiente computacional. As atividades com os *softwares* selecionados (DG Paralelo, DG Cartesiano e Function Probe) foram desenvolvidas com desenho bem similar. As que exploravam o uso do DG Paralelo eram sempre seguidas de atividades com o uso do DG Cartesiano. Estes dois tipos de atividades seguiram duas ordens diferentes, dependendo da dupla, uma iniciada por DG Paralelo e a outra por Function Probe, a fim se entender a influência de uma atividade sobre a outra. Uma entrevista final foi desenvolvida para investigar as conexões entre ideias articuladas em diferentes ambientes, como também, para motivar novas conexões.

A quantidade de duplas foi definida a partir da necessidade de variar o nível de desenvolvimento dos alunos em sala de aula. Selecionamos trabalhar com alunos com muitas dificuldades, e alunos com um nível médio de entendimento. Esta escolha foi feita a partir da avaliação do professor de Matemática dos alunos. Decidimos não utilizar na pesquisa sujeitos com bom nível de entendimento em Matemática devido ao fato de, em um piloto do experimento, termos observado que os alunos com bom desenvolvimento realizavam as atividades com certa facilidade e com pouquíssima discussão, deixando-nos poucos elementos para a análise qualitativa. Além disso, a necessidade de variar a sequência das atividades nos levou a trabalhar com 4 duplas, duas apontadas como tendo muita dificuldade e duas com nível médio de entendimento em Matemática.

As atividades foram elaboradas para criar um ambiente de aprendizado exploratório em torno de cada programa. A montagem destes ambientes contou com decisões de ordem técnica, cognitiva e pedagógica.

Em todos os ambientes, as atividades tiveram estrutura similar e dividida em três fases. A primeira visava a familiarizar o estudante com os comandos do programa. Esta fase não foi incluída em DG Cartesiano, por ser este bem similar a DG Paralelo. Nas segunda e terceira fases, as atividades foram de descrever e classificar, respectivamente, doze funções escolhidas dentre quatro famílias: constante, afim, quadrática, senoide.

O desenho das atividades também foi apoiado na literatura. Confrey et al. (1991b) defendem que ao descrever e classificar objetos matemáticos, os estudantes examinam e procuram por invariantes matemáticos. E mais, Goldenberg et al. (1992) mostram que quando classificavam funções, os estudantes discutiam e refletiam sobre o comportamento de funções, bem como comparavam o comportamento de funções diferentes.

A atividade de descrição era sempre realizada de forma que um estudante era suposto a adivinhar, através da descrição feita, qual função seu colega escolheu e descreveu. Ao usar tal dinâmica, pretendeu-se que cada estudante: entendesse a descrição feita por seu colega de uma função; procurasse conceitos que já haviam sido utilizados por seu colega em outras descrições; comparasse a descrição de uma função dada por seu colega com seu próprio conhecimento de propriedades das funções; discutisse a precisão e acurácia de uma descrição quando esta pudesse servir para mais de uma função ou para nenhuma delas; comparasse funções diferentes ao tentar fazer corresponder a descrição às doze funções; investigasse em diferentes funções propriedades previamente observadas em uma das funções; negociasse e complementasse as descrições de colegas. Essas ações levariam os estudantes a:

- descobrir novas propriedades para caracterizar cada função;

- revisar suas concepções de cada conceito;
- generalizar suas percepções de um conceito para um número maior de funções.

Na última fase, os estudantes eram requisitados a agrupar as funções, segundo cada representação de cada ambiente, de acordo com as propriedades observadas por eles próprios. A atividade de classificação pretendia levar os estudantes a:

- procurar variantes e invariantes em diferentes funções;
- negociar uma classificação comum através da discussão de suas compreensões e suas linguagens;
- comparar as propriedades dentro de diferentes famílias de funções e entre elas;
- generalizar as percepções para um maior número de funções;
- desenvolver argumentos para agrupar as funções.

A escolha das funções a serem utilizadas teve um papel essencial nas construções da sequência de atividades. Os estudantes já deveriam ter estudado cada uma das famílias de funções escolhida. Para escolher as funções dois critérios foram utilizados.

Primeiramente, os conceitos a serem investigados deveriam ser enfatizados pela escolha. Por exemplo, para enfatizar a diferença entre taxa de variação constante e variável, as funções foram escolhidas em dois grupos: funções afins e constantes; e funções quadráticas e senos.

Segundo, os potenciais dinâmicos de FP e DynaGraph (ou DGs) deveriam poder ser usados ao explorarem-se as funções. Desta forma, as funções foram escolhidas através das transformações dinâmicas de gráficos permitidas por FP. Dentro de cada família, cada função foi obtida através da transformação de uma função escolhida como protótipo da família: $f(x) = 6$, $f(x) = x$, $f(x) = 0{,}25x2$ e $f(x) = 7$ sen $(0{,}25\text{p}x)$. As funções foram:

- funções constantes: $f(x) = 6$, $f(x) = 3$;
- funções afins: $f(x) = x$, $f(x) = -x$, $f(\text{x}) = 2x$, $f(x) = x - 6$;

- funções quadráticas: $f(x) = 0{,}25x2$, $f(x) = -\ 0{,}25x2$, $f(x) = 0{,}5x2$, $f(x) = 0{,}25x2 - 8$;
- funções Senos: $f(x) = 7$ sen $(0{,}25px)$, $f(x) = 7$ sen $(0{,}125px)$.

Isto permitiria ao estudante explorar os conceitos selecionados enquanto eles transformavam um gráfico em outro. E mais, uma transformação altera alguns dos conceitos escolhidos mantendo outros invariáveis. Por exemplo, ao transformar o gráfico de $f(x) = 0{,}25x2$ no gráfico de $f(x) = 0{,}5x2$, a curvatura e a declividade da primeira parábola são modificadas mas seu eixo de simetria, conjunto imagem, vértice e domínio de monotonicidade irão se manter.

Por fim, os coeficientes foram ajustados tentando-se enfatizar um mesmo conceito para diferentes funções em DG Paralelo e DG Cartesiano. Por exemplo, ao tentar deixar clara a diferença entre velocidade (taxa de variação) constante e variável, os coeficientes foram escolhidos para tornar visível esta diferença na tela. E mais, dentro de cada família, os coeficientes tinham que deixar claras as propriedades que variavam entre as funções de cada família. Por exemplo, taxas de variação das diferentes de funções afins tinham de ser claramente diferenciadas na tela.

A entrevista final teve três estágios nos quais se solicitou aos estudantes que: fizesse correspondência entre os animais e os gráficos; identificassem concepções construídas em ambientes do DG nos gráficos e vice-versa; predissessem o comportamento de um novo animal que correspondesse a um gráfico obtido por transformação de outro através de FP, tendo a correspondência entre o gráfico e o animal iniciais.

Uma análise longitudinal foi realizada traçando a evolução das concepções de cada dupla de estudantes quanto a cada um dos conceitos escolhidos enquanto eles interagiam com as atividades. Demos ênfase a investigação das origens e dos tipos de funções nos quais as concepções foram e/ou poderiam ser aplicadas de um ponto de vista matemático. Neste artigo, apresentaremos a análise desenvolvida a partir do trabalho de uma das duplas, aqui denominados de Bernardo e Carlos, em torno de monotonicidade. Esta dupla trabalhou inicialmente com as versões do DG antes de trabalhar com o Function Probe.

Função crescente e decrescente (monotonicidade) segundo Bernardo e Carlos em ambientes de DG

Durante a exploração com todos os ambiente e no pré-teste, Bernardo e Carlos usaram os termos "crescentes" e "decrescentes" somente quando trabalhando com funções afins. E mais, esses termos apareciam sempre conectados com visões que tratam um gráfico como uma figura (visão pictórica) (*a direção da reta*) ou com regras envolvendo números positivos e negativos (x, $f(x)$ *forma uma reta que é positiva para o lado direito da tela*).

Apesar da restrição atribuída ao uso do termo, eles também identificaram o crescimento e decrescimento da função de forma variacional no pré-teste e em DG Paralelo. Os entendimentos variacionais permaneceram isolados do termo e de outras concepções. No pré-teste para o gráfico $f(x) = 3/x$, Bernardo relacionou o comportamento de x e $f(x)$ (comportamento de $f(x)$ quando x cresce) sem conectar com o termo "decrescente", enquanto que em DG Paralelo, Bernardo e Carlos articularam a ideia de função crescente e decrescente através da comparação "das orientações dos movimentos de x e $f(x)$" ("$f(x)$ segue x" ou "$f(x)$ não segue x)". O fato dos alunos tentarem controlar a orientação do movimento do quadrado ($f(x)$) ao movimentarem o triângulo (x), levaram-nos a distinguir este aspecto como caracteristica da função escondida na figura dos animais selecionados.

Apesar de aprerecerem isoladas, de um ponto de vista matemático essas concepções variacionais apresentaram a vantagem de terem sido generalizadas entre outras famílias de funções, tal como as quadráticas. A "comparação entre as orientações dos movimentos de $f(x)$ e x" serviu para os estudantes distinguirem funções afins de funções quadráticas e senos. Esta ideia de crescimento e decrescimento foi generalizada para as funções $f(x) = 0{,}25x2$ como "as vezes ele ($f(x)$) segue (x), às vezes ele não segue". Note que nessa generalização, Bernardo e Carlos separaram o domínio em positivo e negativo a fim de verificar onde cada animal (função) seguia a orientação de x. Porém, ao chegarem às funções seno, os estudantes, por enfatizarem esta polarização (positivo *versus* negativo), foram levados a argumentar que estas funções tinham "$f(x)$ independente de x".

Em DG Cartesiano, Bernardo e Carlos exploraram o conceito de crescimento e decrescimento através do "formato descrito pelo movimento de $(x, f(x))$" usando concepções presentes já no pré-teste, uma vez mais, limitadas a funções afins. Esta concepção foi associada com regras do tipo "reta positiva para o lado esquerdo" quando os estudantes tentaram explicar por que o animal de $f(x) = -x$ era decrescente. Não houve evidência de conexão entre as concepções discriminadas em ambos os DGs, até a entrevista final.

Apesar desta desconexão, a entrevista final provou que o desenvolvimento das ideias de função crescente e decrescente de Bernardo e Carlos foi um grande ganho para eles. Eles trouxeram a generalização entre diferentes famílias de funções, construída por eles em DG Paralelo para o sistema cartesiano. Porém, isto não foi tão direto. Inicialmente, eles conectaram os termos usando a "direção de um gráfico" com "$f(x)$ segue x" para crescente e "$f(x)$ não segue x" para decrescente limitado a funções afins. Como eles generalizaram anteriormente esta comparação de orientação de movimento de $f(x)$ e x para funções quadráticas, trouxeram a conexão de volta. Carlos explicou "quando ele ($f(x)$) não segue x, o gráfico tem essa direção (descendente), no meio (vértice que coincide com o eixo y), ele muda orientação". E mais, eles passaram a denominar essas direções pelos termos "crescente" e "decrescente". Isto permitiu a Bernardo e Carlos ultrapassarem o obstáculo criado ao utilizarem o termo aprendido na escola, que não permitia discutir crescimento e decrescimento em funções quadráticas.

Aspectos gerais sobre monotonicidade

O desenvolvimento de Bernardo e Carlos quanto ao conceito de monotonicidade foi bem similar ao dos outros três pares de estudantes. Todos os pares iniciaram os trabalhos reconhecendo este conceito como um conceito restrito às retas, reconhecido através da "direção da reta" dentre outras formas, sendo todas úteis quando limitados à família de funções afins. Em contraste, todos eles foram capazes de analisar monotonicidade em gráficos de outras famílias de forma variacional, porém sem usar os termos "crescentes" e "decrescentes". Esse contraste sugere que o conhecimento prévio, conectado com o uso dos termos, causou um barreira para que os estudantes generalizassem-no para outras famílias de funções.

Assim como Bernardo e Carlos, em DG Paralelo, a menos de um par, todos os outros distinguiram monotonicidade através da "comparação das orientações dos movimentos de $f(x)$ e x", isolados ao trabalho com este software, porém generalizados entre todas as famílias. Na entrevista final, todos os pares conectaram os termos (e ideias conectadas a estes) com a "orientação dos movimentos de $f(x)$ e x" para funções afins. Dois deles foram além, ao usar esta ideia variacional para generalizar o sentido dos termos "crescente" e "decrescente" para funções quadráticas, considerando que estas funções mudam de crescente para decrescente ou vice-versa. Ao mesmo tempo, a tentativa que os outros dois pares fizeram de conseguir esta síntese foi bloqueada pelo conhecimento prévio e persistente sobre os termos quando conectados com a ideia de "direção da reta". É importante salientar que esta tentativa, em contraste com os dois outros pares, foi feita durante os trabalhos com DG, ao mesmo tempo em que estavam articulando a ideia.

Já em DG Cartesiano, os estudantes usaram duas formas para identificar a ideia de monotonicidade: (a) "comparando as orientações dos movimentos de $f(x)$ e x" desconectado dos termos, porém generalizado para todas as funções e (b) "a direção do gráfico traçado por $(x, f(x))$" conectado com o termo porém restrito a funções afins. Todos os pares, menos Bernardo e Carlos, apresentaram ambas as formas de ver. Porém, somente um deles conectou ambos enquanto trabalhavam com DG Cartesiano. Notem que este foi o único a não generalizar a primeira concepção para as funções quadráticas.

DG paralelo como uma "nova" representação

Poucas tentativas foram efetuadas na construção de conexão com o conhecimento prévio enquanto os alunos estavam explorando DG Paralelo. Portanto, este ambiente pôde ser explorado como uma "nova" representação na qual os estudantes pareceram mais livres de concepções prévias. Essa liberdade permitiu a eles revisar e generalizar conhecimentos dentro do ambiente. Nos casos em que conexões com o conhecimento prévio foram feitas, como no caso de Bernardo e Carlos investigando monotonicidade, as concepções desenvolvidas provaram ser robustas o bastante para permitir ao estudante contrastá-las com outras advindas do conhecimento escolar. Portanto, a chave para o uso de representações qualitativamente diferentes é encorajar a síntese, bem como a articulação e o desenvolvimento da mesma dentro do ambiente.

Conhecimento articulado em FP

As interações com transformações de gráficos em FP permitiram aos alunos uma forma bastante diferente de articular o conhecimento sobre os conceitos escolhidos relativos à função. Ao invés de darem um formato às percepções articuladas como em ambientes de DG, estas serviram como ferramenta para explorar o sentido dos conceitos. As observações de João (um aluno de outra dupla), após explorar as transformações no gráfico $f(x) = \text{abs}\,(x)$, salientam que de fato estas explorações influenciam as percepções dos estudantes. João argumentou contra a possibilidade de sua colega usar os comandos para tentar adivinhar a função descrita por ele, dizendo: "vai ser muito fácil porque os comandos dão a você algumas dicas". Isto levou-me a partir para uma investigação das dicas utilizadas pelos estudantes.

Para discutir como FP foi usado como ferramenta para explorar os diferentes conceitos, segue o trabalho de Bernardo e Carlos em relação ao conceito de monotonicidade.

Bernardo e Carlos: monotonicidade em FP

A ideia de monotonicidade como "direção da reta" trazida do conhecimento escolar, apresentou-se muito forte para este par de estudantes também em FP. Inicialmente em FP, "direção da reta" era classificada em dois tipos: direção crescente e direção decrescente, sem distinção de diferentes declividades (ou mesmo diferentes inclinações). Esta divisão pode ser vista como uma tendência para entender este conceito de forma polarizada e compartimentalizada.

Mais interações com as transformações de gráficos em FP levaram Bernardo e Carlos a perceber a relação entre monotonicidade e declividade (ou derivada). Ao investigar a ideia de crescente, um esticamento horizontal no gráfico de $f(x)$ encorajou os estudantes a relacionarem "direção da reta" com "declividade". Carlos argumentou que a mudança de crescente para decrescente dependia de onde você posiciona o gráfico (i.e. termina a transformação). Ele explicou que "de qualquer forma você muda a direção da reta mas ela pode passar de um tipo para outro ou não". Notem que através desta exploração Bernardo e Carlos passam a quebrar a compartimentalização existente em seus conhecimentos prévios entre diferentes conceitos.

FP: ferramenta para explorar percepções próprias

Em FP, as interpretações que os estudantes articularam dos conceitos não puderam ser categorizadas em relação ao comando explorado. A pesquisa, na verdade, revelou similaridades entre "concepções dos estudantes" e "transformações exploradas" somente em relação ao conceito de taxa de variação. A importância de explorar as transformações de gráficos foi dar ao estudante ferramenta para explorar concepções. O fato dos estudantes ficarem discutindo enquanto transformavam gráficos determinou com mais frequência as mudanças em suas concepções que as transformações em si. Estas foram exploradas como suporte para investigações de suas próprias hipóteses. Portanto, o que esta pesquisa revelou foram padrões originados nas formas como os estudantes usaram as transformações para modificar suas próprias concepções.

Os estudantes usaram as transformações como instrumento para:

- gerar e checar suas próprias hipóteses;
- gerar exemplos e contraexemplos de suas próprias ideias;

- reconhecer e/ou revisar diferenças em percepções previamente associadas;
- descobrir novos aspectos de um conceito;
- reconhecer limitações de suas próprias percepções;
- generalizar percepções limitadas a outros tipos de funções diferentes; desenvolver "medidas comparativas" para conceitos que eles anteriormente percebiam pictorialmente, tal como curvatura;
- relacionar conceitos diferentes que em seus conhecimentos prévios se apresentavam compartimentalizados.

Notem que a possibilidade de gerar novos exemplos em FP torna sua exploração qualitativamente diferente da dos ambientes de DG.

Promovendo síntese

As investigações trouxeram à tona alguns padrões na forma como os estudantes foram levados a sintetizar o conhecimento desenvolvido. No caso de DG Cartesiano, os alunos fizeram conexões ao corresponderem os comportamentos dos animais com famílias de funções, trazendo a partir daí termos da Matemática escolar para a discussão. Esta discussão de termos também foi observada enquanto eles trabalhavam em FP. O fato de trabalharem com o mesmo grupo de funções em ambientes diferentes também encorajou os estudantes a buscarem as conexões entre percepções articuladas nos diferentes ambientes.

No caso de FP, os estudantes estavam mais abertos às conexões em resposta à:

- análise de variantes e invariantes e observações das representações Cartesianas e algébricas enquanto transformavam os gráficos, o que mostra uma grande importância das transformações dinâmicas de gráficos para os estudantes construírem conexões;
- tentativa de entender os resultados obtidos por transformações que representavam contraexemplo de suas próprias visões, o que

mostra que os estudantes foram estimulados a fazerem conexões quando suas expectativas foram contrariadas;

- comparação entre duas ou mais funções, o que enfatiza a importância das atividades de descrever e classificar para levar os estudantes a conectar percepções.

As atividades desenvolvidas na entrevista final levaram os estudantes a: estabelecer conexões entre percepções articuladas por eles próprios que haviam ficado isoladas nos diferentes ambientes, generalizar percepções previamente restritas a uma família de funções e revisar algumas conexões. A atividade de predizer o comportamento de um jogador correspondente a um "gráfico transformado em FP" também levou os estudantes a buscar novas percepções em DG Paralelo, as quais eles trouxeram para as atividades através de seus conhecimentos da representação cartesiana.

Conclusão

Buscamos responder às nossas questões iniciais olhando para os dados de nossas pesquisas. Nesse sentido, podemos dizer que os resultados obtidos pelos estudantes dependeram não somente das características do programa computacional mas também das interações dos estudantes durante as atividades, mostrando a importância da natureza das atividades. Uma ilustração disto pode ser dada pelo desenvolvimento de "medidas comparativas", tal como "distância entre dois pontos simétricos" para comparar curvaturas. Os estudantes tinham que ser precisos ao comparar duas ou mais funções para permitir ao seu colega adivinhar a função descrita.

A pesquisa mostrou que DG Paralelo permitiu o desenvolvimento de concepções livres de limitações prévias e suficientemente fortes para possibilitar revisão. Porém, conceitos previamente percebidos de forma pictórica foram raramente identificados neste ambiente. Interações com ele, juntamente com DG Cartesiano, levaram os estudantes a desenvolver uma visão variacional de alguns dos conceitos. E mais, DG Cartesiano serviu como uma ponte de mão-dupla entre concepções variacionais e pictoriais. Em contraste, transformar gráficos em FP pareceu ser uma ferramenta, não para estruturar concepções, mas para ajudar na exploração dos conceitos.

De uma forma mais geral, os *softwares* educacionais têm revelado potenciais que, se utilizados de algumas formas, proveem alunos e professores com objetos virtuais manipuláveis que possibilitam os alunos a pensarem sobre elementos da matemática, causando desta forma um diferencial para o ensino da matemática.

Referências bibliográficas

BAKAR, M.; TALL, D. Students' mental prototypes for functions and graphs. *Proceedings of PME 15*, v. I, p. 104-11, 1991.

CONFREY, J.; SMITH, E.; CARROLL, F. *Function Probe: academic version*. Department of Education. New York: Cornell University, 1991a.

CONFREY, J.; SMITH, E.; PILIERO, S.; RIZZUTI, J. The use of contextual problems and multi-representational software to teach the concept of functions. *Final Project Report*. New York: Cornel University, 1991b.

FEURZEIG, W.; RICHARDS, J. *Function Machines* (Software). Cambridge: BBN Labs, 1991.

GITIRANA, V.; BARBOSA, A. M.; MAGINA, S. Os giros e os deslocamentos imaginários da tartaruga LOGO: como torná-los concretos para as crianças?. *Tópicos Educacionais*, v. 9, n. 1/2, p. 58-64, 1991.

GOLDENBERG, E. P. Mathematics, metaphors and human factors: Mathematical, technical and pedagogical challenges in the educational use of graphical representation of functions. *The Journal of Mathematical Behavior*, v. 7, n. 2, p. 135-173, 1988.

______; LEWIS, P.; O'KEEFE, J. Dynamic representation and the development of a process understanding of function. In: HAREL, G.; DUBINSKY, E. (Orgs.). *The concept of function — aspects of epistemology and pedagogy*. MAA Notes 25, p. 235-260, 1992.

GOMES FERREIRA, V. G. *Exploring Mathematical functions through dynamic micro-worlds*, Tese de doutorado. Instituto de Education. University of London, 1997.

HILLEL, J.; LEE, L.; LABORDE, C.; LINCHEVSKI, L. Basic functions through the lens of computer algebra systems. *The Journal of Mathematical Behavior*, v. 11, n. 2, p. 119-158, 1992.

HOYLES, C.; NOSS, R. Out of Cul-de-Sac, *Proceedings of 15th PME(NA)*, v. 1, p. 83-90, 1993.

_____; _____; SUTHERLAND, R. (1991). *Final report of the microworlds project: 1986-1989*. Institute of Education. University of London, 1991.

JAMES, G.; JAMES, R. C. (Orgs.). *Mathematics dictionary*. Multilingual edition. London: D. Van Nostrand Company, Inc. Princenton, 1959.

JANVIER, C. Representation and Understanding: The Notion of Function as an Example. In: JANVIER, C. (Org.). *Problems of representation in the teaching and learning of mathematics*. Hillsdale: Lawrence Erlbaum Associates, 1987, p. 67-71.

KAPUT, J. Technology and Mathematics education. In: GROUWS, D. A. (Org.). *Handbook of research on Mathematics teaching and learning*. New York: Macmillan, 1992, p. 515-556.

LEINHARDT, G.; ZASLAVSKY, O.; STEIN, M. K. Functions, graphs, and graphing: task, learning and teaching. *Review of Educational Research*, v. 60, n. 1, p. 1-64, 1990.

MAGINA, S. *O computador como ferramenta na aquisição e desenvolvimento do conceito de ângulo em crianças*. Dissertação de mestrado em Psicologia. UFPE, 1988.

MEVARECH, Z.; KRAMARSKY, B. How, how often, and under what conditions misconceptions are developed: the case of linear graphs. *Third Misconceptions Seminar Proceedings*. New York: Cornell University, 1993.

PAPERT, S. *Mindstorms. children, computer and powerful ideas*. New York: Basic Books, 1980.